中国科学院中国孢子植物志编辑委员会　编辑

中 国 真 菌 志

第五十四卷

马 勃 目

（马勃科　栓皮马勃科）

范　黎　主编

中国科学院知识创新工程重大项目
国家自然科学基金重大项目
（国家自然科学基金委员会　中国科学院　科学技术部　资助）

科 学 出 版 社
北 京

内 容 简 介

本卷记述了我国的马勃科和栓皮马勃科9属53种,包括线条图55幅、扫描电镜图版8幅,对我国马勃科和栓皮马勃科进行了系统的研究;并结合我国实际情况,简要介绍了一些食用和药用价值较高的种类的子实体所含的主要成分和利用情况。书末附有重要参考文献及汉名、学名索引。

本书适于真菌学科研人员、大专院校有关师生和真菌爱好者参考。

图书在版编目(CIP)数据

中国真菌志. 第五十四卷, 马勃目. 马勃科、栓皮马勃科 / 范黎主编.
—北京:科学出版社,2019.3
(中国孢子植物志)
ISBN 978-7-03-060733-1

Ⅰ.①中… Ⅱ.① 范… Ⅲ.①真菌志-中国 ②马勃目-真菌志-中国 Ⅳ.①Q949.32

中国版本图书馆 CIP 数据核字(2019)第 042237 号

责任编辑:韩学哲 孙 青/责任校对:郑金红
责任印制:肖 兴/封面设计:刘新新

科 学 出 版 社 出版
北京东黄城根北街 16 号
邮政编码:100717
http://www.sciencep.com
中国科学院印刷厂 印刷

科学出版社发行 各地新华书店经销
*
2019 年 3 月第 一 版 开本:787×1092 1/16
2019 年 3 月第一次印刷 印张:9 3/4 插页:4
字数:230 000
定价:198.00 元
(如有印装质量问题,我社负责调换)

CONSILIO FLORARUM CRYPTOGAMARUM SINICARUM
ACADEMIAE SINICAE EDITA

FLORA FUNGORUM SINICORUM

VOL. 54
LYCOPERDALES
(LYCOPERDACEAE   MYCENASTRACEAE)

REDACTOR PRINCIPALIS

Fan Li

**A Major Project of the Knowledge Innovation Program of
the Chinese Academy of Sciences
A Major Project of the National Natural Science Foundation of China**

(Supported by the National Natural Science Foundation of China,
the Chinese Academy of Sciences, and the Ministry of Science and Technology of China)

Science Press
Beijing

中国孢子植物志第五届编委名单

(2007 年 5 月)

序

　　中国孢子植物志是非维管束孢子植物志，分《中国海藻志》、《中国淡水藻志》、《中国真菌志》、《中国地衣志》及《中国苔藓志》五部分。中国孢子植物志是在系统生物学原理与方法的指导下对中国孢子植物进行考察、收集和分类的研究成果；是生物物种多样性研究的主要内容；是物种保护的重要依据，对人类活动与环境甚至全球变化都有不可分割的联系。

　　中国孢子植物志是我国孢子植物物种数量、形态特征、生理生化性状、地理分布及其与人类关系等方面的综合信息库；是我国生物资源开发利用、科学研究与教学的重要参考文献。

　　我国气候条件复杂，山河纵横，湖泊星布，海域辽阔，陆生和水生孢子植物资源极其丰富。中国孢子植物分类工作的发展和中国孢子植物志的陆续出版，必将为我国开发利用孢子植物资源和促进学科发展发挥积极作用。

　　随着科学技术的进步，我国孢子植物分类工作在广度和深度方面将有更大的发展，对于这部著作也将不断补充、修订和提高。

中国科学院中国孢子植物志编辑委员会

1984 年 10 月·北京

中国孢子植物志总序

中国孢子植物志是由《中国海藻志》、《中国淡水藻志》、《中国真菌志》、《中国地衣志》及《中国苔藓志》所组成。至于维管束孢子植物蕨类未被包括在中国孢子植物志之内，是因为它早先已被纳入《中国植物志》计划之内。为了将上述未被纳入《中国植物志》计划之内的藻类、真菌、地衣及苔藓植物纳入中国生物志计划之内，出席1972年中国科学院计划工作会议的孢子植物学工作者提出筹建"中国孢子植物志编辑委员会"的倡议。该倡议经中国科学院领导批准后，"中国孢子植物志编辑委员会"的筹建工作随之启动，并于1973年在广州召开的《中国植物志》、《中国动物志》和中国孢子植物志工作会议上正式成立。自那时起，中国孢子植物志一直在"中国孢子植物志编辑委员会"统一主持下编辑出版。

孢子植物在系统演化上虽然并非单一的自然类群，但是，这并不妨碍在全国统一组织和协调下进行孢子植物志的编写和出版。

随着科学技术的飞速发展，人们关于真菌的知识日益深入的今天，黏菌与卵菌已被从真菌界中分出，分别归隶于原生动物界和管毛生物界。但是，长期以来，由于它们一直被当作真菌由国内外真菌学家进行研究；而且，在"中国孢子植物志编辑委员会"成立时已将黏菌与卵菌纳入中国孢子植物志之一的《中国真菌志》计划之内并陆续出版，因此，沿用包括黏菌与卵菌在内的《中国真菌志》广义名称是必要的。

自"中国孢子植物志编辑委员会"于1973年成立以后，作为"三志"的组成部分，中国孢子植物志的编研工作由中国科学院资助；自1982年起，国家自然科学基金委员会参与部分资助；自1993年以来，作为国家自然科学基金委员会重大项目，在国家基金委资助下，中国科学院及科技部参与部分资助，中国孢子植物志的编辑出版工作不断取得重要进展。

中国孢子植物志是记述我国孢子植物物种的形态、解剖、生态、地理分布及其与人类关系等方面的大型系列著作，是我国孢子植物物种多样性的重要研究成果，是我国孢子植物资源的综合信息库，是我国生物资源开发利用、科学研究与教学的重要参考文献。

我国气候条件复杂，山河纵横，湖泊星布，海域辽阔，陆生与水生孢子植物物种多样性极其丰富。中国孢子植物志的陆续出版，必将为我国孢子植物资源的开发利用，为我国孢子植物科学的发展发挥积极作用。

中国科学院中国孢子植物志编辑委员会

主编 曾呈奎

2000年3月 北京

Foreword of the Cryptogamic Flora of China

Cryptogamic Flora of China is composed of *Flora Algarum Marinarum Sinicarum*, *Flora Algarum Sinicarum Aquae Dulcis*, *Flora Fungorum Sinicorum*, *Flora Lichenum Sinicorum*, and *Flora Bryophytorum Sinicorum*, edited and published under the direction of the Editorial Committee of the Cryptogamic Flora of China, Chinese Academy of Sciences(CAS). It also serves as a comprehensive information bank of Chinese cryptogamic resources.

Cryptogams are not a single natural group from a phylogenetic point of view which, however, does not present an obstacle to the editing and publication of the Cryptogamic Flora of China by a coordinated, nationwide organization. The Cryptogamic Flora of China is restricted to non-vascular cryptogams including the bryophytes, algae, fungi, and lichens. The ferns, a group of vascular cryptogams, were earlier included in the plan of *Flora of China*, and are not taken into consideration here. In order to bring the above groups into the plan of Fauna and Flora of China, some leading scientists on cryptogams, who were attending a working meeting of CAS in Beijing in July 1972, proposed to establish the Editorial Committee of the Cryptogamic Flora of China. The proposal was approved later by the CAS. The committee was formally established in the working conference of Fauna and Flora of China, including cryptogams, held by CAS in Guangzhou in March 1973.

Although myxomycetes and oomycetes do not belong to the Kingdom of Fungi in modern treatments, they have long been studied by mycologists. *Flora Fungorum Sinicorum* volumes including myxomycetes and oomycetes have been published, retaining for *Flora Fungorum Sinicorum* the traditional meaning of the term fungi.

Since the establishment of the editorial committee in 1973, compilation of Cryptogamic Flora of China and related studies have been supported financially by the CAS. The National Natural Science Foundation of China has taken an important part of the financial support since 1982. Under the direction of the committee, progress has been made in compilation and study of Cryptogamic Flora of China by organizing and coordinating the main research institutions and universities all over the country. Since 1993, study and compilation of the Chinese fauna, flora, and cryptogamic flora have become one of the key state projects of the National Natural Science Foundation with the combined support of the CAS and the National Science and Technology Ministry.

Cryptogamic Flora of China derives its results from the investigations, collections, and classification of Chinese cryptogams by using theories and methods of systematic and evolutionary biology as its guide. It is the summary of study on species diversity of cryptogams and provides important data for species protection. It is closely connected with human activities, environmental changes and even global changes. Cryptogamic Flora of

China is a comprehensive information bank concerning morphology, anatomy, physiology, biochemistry, ecology, and phytogeographical distribution. It includes a series of special monographs for using the biological resources in China, for scientific research, and for teaching.

China has complicated weather conditions, with a crisscross network of mountains and rivers, lakes of all sizes, and an extensive sea area. China is rich in terrestrial and aquatic cryptogamic resources. The development of taxonomic studies of cryptogams and the publication of Cryptogamic Flora of China in concert will play an active role in exploration and utilization of the cryptogamic resources of China and in promoting the development of cryptogamic studies in China.

C.K. Tseng
Editor-in-Chief
The Editorial Committee of the Cryptogamic Flora of China
Chinese Academy of Sciences
March, 2000 in Beijing

《中国真菌志》序

　　《中国真菌志》是在系统生物学原理和方法指导下，对中国真菌，即真菌界的子囊菌、担子菌、壶菌及接合菌四个门以及不属于真菌界的卵菌等三个门和黏菌及其类似的菌类生物进行搜集、考察和研究的成果。本志所谓"真菌"系广义概念，涵盖上述三大菌类生物(地衣型真菌除外)，即当今所称"菌物"。

　　中国先民认识并利用真菌作为生活、生产资料，历史悠久，经验丰富，诸如酒、醋、酱、红曲、豆豉、豆腐乳、豆瓣酱等的酿制，蘑菇、木耳、茭白作食用，茯苓、虫草、灵芝等作药用，在制革、纺织、造纸工业中应用真菌进行发酵，以及利用具有抗癌作用和促进碳素循环的真菌，充分显示其经济价值和生态效益。此外，真菌又是多种植物和人畜病害的病原菌，危害甚大。因此，对真菌物种的形态特征、多样性、生理生化、亲缘关系、区系组成、地理分布、生态环境以及经济价值等进行研究和描述，非常必要。这是一项重要的基础科学研究，也是利用益菌、控制害菌、化害为利、变废为宝的应用科学的源泉和先导。

　　中国是具有悠久历史的文明古国，从远古到明代的 4500 年间，科学技术一直处于世界前沿，真菌学也不例外。酒是真菌的代谢产物，中国酒文化博大精深、源远流长，有六七千年历史。约在公元 300 年的晋代，江统在其《酒诰》诗中说："酒之所兴，肇自上皇。或云仪狄，又曰杜康。有饭不尽，委之空桑。郁结成味，久蓄气芳。本出于此，不由奇方。"作者精辟地总结了我国酿酒历史和自然发酵方法，比之意大利学者雷蒂(Radi, 1860)提出微生物自然发酵法的学说约早 1500 年。在仰韶文化时期(5000~3000 B.C.)，我国先民已懂得采食蘑菇。中国历代古籍中均有食用菇蕈的记载，如宋代陈仁玉在其《菌谱》(1245 年)中记述浙江台州产鹅膏菌、松蕈等 11 种，并对其形态、生态、品级和食用方法等作了论述和分类，是中国第一部地方性食用蕈菌志。先民用真菌作药材也是一大创造，中国最早的药典《神农本草经》(成书于 102~200 A.D.)所载 365 种药物中，有茯苓、雷丸、桑耳等 10 余种药用真菌的形态、色泽、性味和疗效的叙述。明代李时珍在《本草纲目》(1578)中，记载"三菌"、"五蕈"、"六芝"、"七耳"以及羊肚菜、桑黄、鸡𭏟、雪蚕等 30 多种药用真菌。李氏将菌、蕈、芝、耳集为一类论述，在当时尚无显微镜帮助的情况下，其认识颇为精深。该籍的真菌学知识，足可代表中国古代真菌学水平，堪与同时代欧洲人(如 C. Clusius, 1529~1609)的水平比拟而无逊色。

　　15 世纪以后，居世界领先地位的中国科学技术，逐渐落后。从 18 世纪中叶到 20 世纪 40 年代，外国传教士、旅行家、科学工作者、外交官、军官、教师以及负有特殊任务者，纷纷来华考察，搜集资料，采集标本，研究鉴定，发表论文或专辑。如法国传教士西博特(P.M. Cibot)1759 年首先来到中国，一住就是 25 年，对中国的植物(含真菌)写过不少文章，1775 年他发表的五棱散尾鬼(*Lysurus mokusin*)，是用现代科学方法研究发表的第一个中国真菌。继而，俄国的波塔宁(G.N. Potanin, 1876)、意大利的吉拉迪(P. Giraldii, 1890)、奥地利的汉德尔-马泽蒂(H. Handel-Mazzetti, 1913)、美国的梅里尔(E.D. Merrill, 1916)、瑞典的史密斯(H. Smith, 1921)等共 27 人次来我国采集标本。

研究发表中国真菌论著114篇册，作者多达60余人次，报道中国真菌2040种，其中含10新属、361新种。东邻日本自1894年以来，特别是1937年以后，大批人员涌到中国，调查真菌资源及植物病害，采集标本，鉴定发表。据初步统计，发表论著172篇册，作者67人次以上，共报道中国真菌约6000种(有重复)，其中含17新属、1130新种。其代表人物在华北有三宅市郎(1908)，东北有三浦道哉(1918)，台湾有泽田兼吉(1912)；此外，还有斋藤贤道、伊藤诚哉、平冢直秀、山本和太郎、逸见武雄等数十人。

国人用现代科学方法研究中国真菌始于20世纪初，最初工作多侧重于植物病害和工业发酵，纯真菌学研究较少。在一二十年代便有不少研究报告和学术论文发表在中外各种刊物上，如胡先骕1915年的"菌类鉴别法"，章祖纯1916年的"北京附近发生最盛之植物病害调查表"以及钱穟孙(1918)、邹钟琳(1919)、戴芳澜(1920)、李寅恭(1921)、朱凤美(1924)、孙豫寿(1925)、俞大绂(1926)、魏嵒寿(1928)等的论文。三四十年代有陈鸿康、邓叔群、魏景超、凌立、周宗璜、欧世璜、方心芳、王云章、裘维蕃等发表的论文，为数甚多。他们中有的人终生或大半生都从事中国真菌学的科教工作，如戴芳澜(1893~1973)著"江苏真菌名录"(1927)、"中国真菌杂记"(1932~1946)、《中国已知真菌名录》(1936，1937)、《中国真菌总汇》(1979)和《真菌的形态和分类》(1987)等，他发表的"三角枫上白粉菌一新种"(1930)，是国人用现代科学方法研究、发表的第一个中国真菌新种。邓叔群(1902~1970)著"南京真菌记载"(1932~1933)、"中国真菌续志"(1936~1938)、《中国高等真菌志》(1939)和《中国的真菌》(1963，1996)等，堪称《中国真菌志》的先导。上述学者以及其他许多真菌学工作者，为《中国真菌志》研编的起步奠定了基础。

在20世纪后半叶，特别是改革开放以来的20多年，中国真菌学有了迅猛的发展，如各类真菌学课程的开设，各级学位研究生的招收和培养，专业机构和学会的建立，专业刊物的创办和出版，地区真菌志的问世等，使真菌学人才辈出，为《中国真菌志》的研编输送了新鲜血液。1973年中国科学院广州"三志"会议决定，《中国真菌志》的研编正式启动，1987年由郑儒永、余永年等编辑出版了《中国真菌志》第1卷《白粉菌目》，至2000年已出版14卷。自第2卷开始实行主编负责制，2.《银耳目和花耳目》(刘波主编，1992)；3.《多孔菌科》(赵继鼎，1998)；4.《小煤炱目Ⅰ》(胡炎兴，1996)；5.《曲霉属及其相关有性型》(齐祖同，1997)；6.《霜霉目》(余永年，1998)；7.《层腹菌目》(刘波，1998)；8.《核盘菌科和地舌菌科》(庄文颖，1998)；9.《假尾孢属》(刘锡琎、郭英兰，1998)；10.《锈菌目Ⅰ》(王云章、庄剑云，1998)；11.《小煤炱目Ⅱ》(胡炎兴，1999)；12.《黑粉菌科》(郭林，2000)；13.《虫霉目》(李增智，2000)；14.《灵芝科》(赵继鼎、张小青，2000)。盛世出巨著，在国家"科教兴国"英明政策的指引下，《中国真菌志》的研编和出版，定将为中华灿烂文化做出新贡献。

余永年
庄文颖　谨识
中国科学院微生物研究所
中国·北京·中关村
公元 2002 年 09 月 15 日

Foreword of Flora Fungorum Sinicorum

Flora Fungorum Sinicorum summarizes the achievements of Chinese mycologists based on principles and methods of systematic biology in intensive studies on the organisms studied by mycologists, which include non-lichenized fungi of the Kingdom Fungi, some organisms of the Chromista, such as oomycetes etc., and some of the Protozoa, such as slime molds.In this series of volumes, results from extensive collections, field investigations, and taxonomic treatments reveal the fungal diversity of China.

Our Chinese ancestors were very experienced in the application of fungi in their daily life and production.Fungi have long been used in China as food, such as edible mushrooms, including jelly fungi, and the hypertrophic stems of water bamboo infected with *Ustilago esculenta*; as medicines, like *Cordyceps sinensis* (caterpillar fungus), *Poria cocos* (China root), and *Ganoderma* spp. (lingzhi); and in the fermentation industry, for example, manufacturing liquors, vinegar, soy-sauce, *Monascus*, fermented soya beans, fermented bean curd, and thick broad-bean sauce.Fungal fermentation is also applied in the tannery, paperma-king, and textile industries.The anti-cancer compounds produced by fungi and functions of saprophytic fungi in accelerating the carbon-cycle in nature are of economic value and ecological benefits to human beings. On the other hand, fungal pathogens of plants, animals and human cause a huge amount of damage each year. In order to utilize the beneficial fungi and to control the harmful ones, to turn the harmfulness into advantage, and to convert wastes into valuables, it is necessary to understand the morphology, diversity, physiology, biochemistry, relationship, geographical distribution, ecological environment, and economic value of different groups of fungi. *Flora Fungorum Sinicorum* plays an important role from precursor to fountainhead for the applied sciences.

China is a country with an ancient civilization of long standing.In the 4500 years from remote antiquity to the Ming Dynasty, her science and technology as well as knowledge of fungi stood in the leading position of the world.Wine is a metabolite of fungi.The Wine Culture history in China goes back 6000 to 7000 years ago, which has a distant source and a long stream of extensive knowledge and profound scholarship.In the Jin Dynasty (*ca.* 300 A.D.), JIANG Tong, the famous writer, gave a vivid account of the Chinese fermentation history and methods of wine processing in one of his poems entitled *Drinking Games* (Jiu Gao), 1500 years earlier than the theory of microbial fermentation in natural conditions raised by the Italian scholar, Radi (1860). During the period of the Yangshao Culture (5000—3000 B. C.), our Chinese ancestors knew how to eat mushrooms. There were a great number of records of edible mushrooms in Chinese ancient books. For example, back to the Song Dynasty, CHEN Ren-Yu (1245) published the *Mushroom Menu* (Jun Pu) in which he listed 11 species of edible fungi including *Amanita* sp.and *Tricholoma matsutake* from

Taizhou, Zhejiang Province, and described in detail their morphology, habitats, taxonomy, taste, and way of cooking. This was the first local flora of the Chinese edible mushrooms.Fungi used as medicines originated in ancient China. The earliest Chinese pharmacopocia, *Shen-Nong Materia Medica* (Shen Nong Ben Cao Jing), was published in 102—200 A. D. Among the 365 medicines recorded, more than 10 fungi, such as *Poria cocos* and *Polyporus mylittae*, were included. Their fruitbody shape, color, taste, and medical functions were provided.The great pharmacist of Ming Dynasty, LI Shi-Zhen (1578) published his eminent work *Compendium Materia Medica* (Ben Cao Gang Mu) in which more than thirty fungal species were accepted as medicines, including *Aecidium mori*, *Cordyceps sinensis*, *Morchella* spp., *Termitomyces* sp., etc.Before the invention of microscope, he managed to bring fungi of different classes together, which demonstrated his intelligence and profound knowledge of biology.

After the 15th century, development of science and technology in China slowed down. From middle of the 18th century to the 1940's, foreign missionaries, tourists, scientists, diplomats, officers, and other professional workers visited China. They collected specimens of plants and fungi, carried out taxonomic studies, and published papers, exsi ccatae, and monographs based on Chinese materials.The French missionary, P.M. Cibot, came to China in 1759 and stayed for 25 years to investigate plants including fungi in different regions of China.Many papers were written by him. *Lysurus mokusin*, identified with modern techniques and published in 1775, was probably the first Chinese fungal record by these visitors. Subsequently, around 27 man-times of foreigners attended field excursions in China, such as G.N. Potanin from Russia in 1876, P. Giraldii from Italy in 1890, H. Handel-Mazzetti from Austria in 1913, E.D. Merrill from the United States in 1916, and H. Smith from Sweden in 1921. Based on examinations of the Chinese collections obtained, 2040 species including 10 new genera and 361 new species were reported or described in 114 papers and books.Since 1894, especially after 1937, many Japanese entered China.They investigated the fungal resources and plant diseases, collected specimens, and published their identification results.According to incomplete information, some 6000 fungal names (with synonyms) including 17 new genera and 1130 new species appeared in 172 publications.The main workers were I. Miyake in the Northern China, M. Miura in the Northeast, K. Sawada in Taiwan, as well as K. Saito, S. Ito, N. Hiratsuka, W. Yamamoto, T. Hemmi, etc.

Research by Chinese mycologists started at the turn of the 20th century when plant diseases and fungal fermentation were emphasized with very little systematic work. Scientific papers or experimental reports were published in domestic and international journals during the 1910's to 1920's. The best-known are "Identification of the fungi" by H.H. Hu in 1915, "Plant disease report from Peking and the adjacent regions" by C.S. Chang in 1916, and papers by S.S. Chian (1918), C.L. Chou (1919), F.L. Tai (1920), Y.G. Li (1921), V.M. Chu (1924), Y.S. Sun (1925), T.F. Yu (1926), and N.S. Wei (1928). Mycologists who were active at the 1930's to 1940's are H.K. Chen, S.C. Teng, C.T. Wei, L. Ling, C.H. Chow,

S.H. Ou, S.F. Fang, Y.C. Wang, W.F. Chiu, and others.Some of them dedicated their lifetime to research and teaching in mycology. Prof. F.L. Tai (1893—1973) is one of them, whose representative works were "List of fungi from Jiangsu"(1927), "Notes on Chinese fungi"(1932—1946), *A List of Fungi Hitherto Known from China* (1936, 1937), *Sylloge Fungorum Sinicorum* (1979), *Morphology and Taxonomy of the Fungi* (1987), etc.His paper entitled "A new species of *Uncinula* on *Acer trifidum* Hook.& Arn."was the first new species described by a Chinese mycologist. Prof. S.C. Teng (1902—1970) is also an eminent teacher.He published "Notes on fungi from Nanking" in 1932—1933, "Notes on Chinese fungi" in 1936—1938, *A Contribution to Our Knowledge of the Higher Fungi of China* in 1939, and *Fungi of China* in 1963 and 1996.Work done by the above-mentioned scholars lays a foundation for our current project on *Flora Fungorum Sinicorum*.

In 1973, an important meeting organized by the Chinese Academy of Sciences was held in Guangzhou (Canton) and a decision was made, uniting the related scientists from all over China to initiate the long term project "Fauna, Flora, and Cryptogamic Flora of China".Work on *Flora Fungorum Sinicorum* thus started. Significant progress has been made in development of Chinese mycology since 1978. Many mycological institutions were founded in different areas of the country.The Mycological Society of China was established, the journals *Acta Mycological Sinica* and *Mycosystema* were published as well as local floras of the economically important fungi.A young generation in field of mycology grew up through postgraduate training programs in the graduate schools.The first volume of Chinese Mycoflora on the Erysiphales (edited by R.Y. Zheng & Y.N. Yu, 1987) appeared.Up to now, 14 volumes have been published: Tremellales and Dacrymycetales edited by B. Liu (1992), Polyporaceae by J.D. Zhao (1998), Meliolales Part I (Y.X. Hu, 1996), *Aspergillus* and its related teleomorphs (Z.T. Qi, 1997), Peronosporales (Y.N. Yu, 1998), Sclerotiniaceae and Geoglossaceae (W.Y. Zhuang, 1998), *Pseudocercospora* (X.J. Liu & Y.L. Guo, 1998), Uredinales Part I (Y.C. Wang & J. Y. Zhuang, 1998), Meliolales Part II (Y.X. Hu, 1999), Ustilaginaceae (L. Guo, 2000), Entomophthorales (Z.Z. Li, 2000), and Ganodermataceae (J.D. Zhao & X.Q. Zhang, 2000). We eagerly await the coming volumes and expect the completion of Flora *Fungorum Sinicorum* which will reflect the flourishing of Chinese culture.

Y.N. Yu and W.Y. Zhuang
Institute of Microbiology, CAS, Beijing
September 15, 2002

致　谢

中国科学院菌物标本馆、中国科学院昆明植物研究所标本馆隐花植物标本室等为我们提供了直接研究标本的机会，作者表示深切的谢意。

作者还要感谢山西大学刘波教授热心为我们提供了许多文献资料，中国科学院微生物研究所真菌学国家重点实验室郭林教授为我们提供了标本，首都师范大学硕士研究生岳双芬协助查阅了许多文献。

另外，首都师范大学硕士研究生赵会珍、胥艳艳、池维丹、刘艳云、崔晋龙协助完成了标本采集和部分标本的研究工作，冯爽、蔡松品和李晓勇协助完成了图版制作和文献整理工作。在此，作者谨向他们致以深切的谢意。

中国科学院中国孢子植物志编辑委员会在本卷的编撰过程中给予了大力的支持和帮助，谨致谢忱。

说　明

1. 本卷是对我国马勃科和栓皮马勃科的研究总结。

2. 绪论部分概括地论述了马勃科和栓皮马勃科的形态特征、研究概况及我国对这两科的研究简史等，向读者介绍了这两类真菌的基本特征和研究现状，阐明了作者的分类学观点及本卷所采用的系统。同时，专论部分包括了产于我国的马勃科 8 属 52 种、栓皮马勃科 1 属 1 种。科下有形态描述、讨论及分属检索表。各属按学名字母顺序排列，包括正名、异名及其文献引证、形态描述、讨论、模式种，以及分种检索表。属下各种也按学名字母顺序排列，有正名、异名及其文献引证，有详细的形态描述、生态习性、国内分布及其标本引证，世界分布由文献资料整理而成，最后是讨论。每个种均有显微绘图，大部分种有担孢子扫描电镜照片。

3. 汉名索引和学名索引均按名称的字母顺序排列。

4. 全部引证的标本均经作者直接研究。

5. 本卷中涉及的缩写及全称如下：

AH, Universidad de Alcalá, Alcalá de Henares, Madrid, Spain

BAB, Instituto Nacional de Tecnología Agropecuaria, Castelar, Buenos Aires, Argentina

BAFC, Universidad de Buenos Aires, Buenos Aires, Argentina

BCMEX, Universidad Autónoma de Baja California, Ensenada, Baja California, Mexico

BJTC, Capital Normal University, Beijing, China（首都师范大学生物学标本馆）

HKAS, Herbarium of Cryptogams, Kunming Institute of Botany（KUN）, Chinese Academy of Science, Kunming, China（中国科学院昆明植物研究所标本馆隐花植物标本室）

HMAS, Herbarium Mycolgicum Academiae Sinicae, Institute of Microbiology, Chinese Academy of Sciences, Beijing, China（中国科学院微生物研究所菌物标本馆）

K, Royal Botanic Gardens, Kew, England, U.K.

LIL, Fundación Miguel Lillo, San Miguel de Yucumán, Tucumán, Argentina

NCU, University of North Carolina, Chapel Hill, North Carolina, U.S.A.

NY, The New York Botanical Garden, Bronx, New York, U.S.A.

NYS, New York State Museum, Albany, New York, U.S.A.

PDD, Landcare Research, Auckland, New Zealand

PR, National Museum in Prague, Praha, Czech Republic

PRC, Charies University in Prague, Praha, Czech Republic

SEM, Scanning electron micrograph
XAL, Instituto de Ecología, A. C., Veracruz, Xalapa, Mexico
XALU, Universidad Veracruzana, Veracruz, Xalapa, Mexico

目　　录

绪　论

马勃（puffball）担孢子粉尘状，成熟释放时呈褐色雾状。此类真菌的共同特征是担子果近球形、没有菌褶、担孢子内生，因此真菌分类学家在较长的时期内认为此类真菌是担子菌的一个独立的分类单元，即腹菌纲 Gasteromycetes 或腹菌亚纲 Gasteromycetidae。现代分子系统学分析研究积累的大量数据表明，马勃类真菌是一个多源的类群。本卷研究的马勃类真菌隶属于马勃科和栓皮马勃科。

马勃科和栓皮马勃科真菌地上生，担子果没有真正的柄，有时基部渐狭形成类似柄状的结构，称为不孕基部；担子果内部为其可育组织——孢体，内有子实层，成熟时呈粉末状，内有孢丝，有时有拟孢丝，担孢子常球形，多数表面具有纹饰。

这类真菌广泛分布于世界各地，尤其多生于干燥、温暖地带的草原、荒漠地区。

经 济 价 值

一、马勃的食用价值

马勃是一种可食用的真菌，国内外都有这方面的文献记载。Cleland（1934～1935）发现栓皮马勃 *Mycenastrum corium* (Guers.) Desv.和草原隔马勃 *Vascellum pratense* (Pers.) Kreisel 在切成薄片烹制后的口感很像奶酪；刘波（1974）记载马勃目属种中的 *Bovistella sinensis* Lyold、*Lycoperdon perlatum* Pers.、*Lycoperdon wrightii* Berk. & M.A. Curtis、软马勃 *L. molle* Pers.、梨形马勃 *Lycoperdon pyriforme* Schaeff.、大秃马勃 *Calvatia gigantea* (Batsch) Lloyd、*Calvatia cyathiformis* (Bosc) Morgan、*Calvatia caelata* (Bull.) Morgan、毛马勃 *Lasiosphaera fenzlii* Reichardt [现在的名称是 *Langermannia fenzlii* (Reichardt) Kreisel]等在我国北方部分地区均有食用记录。Coetzee 等（2007）报道 *Calvatia* 的所有种在产孢组织未成熟呈白色坚硬状态时都可以食用，*C. excipuliformis* (Scop.) Perdeck、*C. craniiformis* (Schwein.) Fr.和 *C. cyathiformis* 被认为是英国最好的食用菌。在非洲，仅尼日利亚有食用 *C. cyathiformis* 的记载。需要注意的是，在食用马勃时，要在其幼小、白色时食用，在食用前必须切成两半，以确保其不是未成熟的伞形毒菌，因为幼小的马勃与毒伞属的真菌外形很相似。常食用的有大秃马勃 *C. gigantea*、梨形马勃 *L. pyriforme*、软马勃 *L. molle* 等（Burk, 1983）。

二、马勃的药用价值

马勃是我国著名的药用真菌之一，因取材方便、分布较广，所以被广泛使用。在我国，马勃最早载于《名医别录》，后记载于南北朝时陶弘景的《本草经集注》，其性平味辛，入肺经，有消肿、止血、解毒等功效，用于治疗咽喉肿痛及各种出血症状。《中国药典》（2005 年版）收载的马勃主要为毛马勃 *L. fenzlii*、大秃马勃 *C. gigantea* 或紫色马勃 *Calvatia lilacina* 的干燥子实体。

近年来，我国学者对马勃的化学成分进行了较深入的研究，从马勃中分离鉴定了10 种甾醇类、6 种三萜类、5 种含氮氨基酸或盐的化合物，以及一些蛋白质、多肽、多糖、微量元素等成分。马勃科真菌的提取物具有抑菌、抗炎、抗肿瘤、杀虫等作用。孙菊英和郭朝晖(1994)发现供试的 10 种马勃在体外抑菌试验研究中大部分有一定的抑菌作用。孟延发等(1990)发现马勃多糖组分对肉瘤细胞 S-180 有较明显的抑制作用。左文英等(2004)通过炎症实验发现马勃能显著抑制二甲苯所致小鼠耳壳肿胀，起到抗炎作用；通过机械性刺激致咳实验，发现马勃能不同程度地延长豚鼠咳嗽潜伏期。殷晓坷(2009)讨论了运用马勃治疗慢性胃炎，发现其既能清热利咽又可以保护胃黏膜。吴元昌和恰力恒(2010)发现中药马勃对反刍动物幼畜腹泻的治愈率很高。马勃含有磷酸钠，磷酸钠有机械性止血作用，用于口腔局部止血，不亚于淀粉海绵或明胶海绵，常用的止血种类，如网纹马勃 *Lycoperdon perlatum*、*Bovista pila* Berk. & M.A. Curtis、头状秃马勃 *Calvatia craniiformis* 和 *Calvatia utriformis* (Bull.) Jaap(南京中医药大学编，中药大辞典，2006)。马勃不为组织所吸收，故不能作为组织内留存止血或死腔填塞之用；刘同德(2002)将马勃制成牙槽窝大小的规格，高压消毒后将其填压牙槽窝出血处，1 min 即止血。吴元昌等(2010)报道中药马勃对于锯鹿茸有良好的止血效果，并且止血时间短，几乎无毒副作用。

国外对于马勃科真菌的研究较为深入，主要集中在有关秃马勃属 *Calvatia* 的成员。*Calvatia* 的担子果在民间被广泛用作药物，多用于止血药和外伤的包扎，还可以治疗一些慢性病。Cochran 和 Lucas (1959)报道 *C. gigantea*、*C. utriformis*、*C. craniiformis* 和 *C. cyathiformis* 能产生抑癌物质。Roland 等(1960)和 Beneke(1963)报道从 *C. gigantea* 中提取的黏蛋白和巨蘑菇素对老鼠肿瘤抑制率为 54.2%。Wu 等(2011)发现从 *Calvatia lilacina* 中提取的蛋白质能够有效抑制人类直肠癌细胞和单核性白血病细胞。Cochran 和 Lucas (1959)、Goulet 等(1960)和 Cochran 等(1967)报道从 *C. gigantea* 中分离的蛋白质能够显著抵抗脊髓灰质炎病毒，对猴子肾脏细胞中培养的肠道病毒 ECHO 的抑制率为 38.5%，对于小牛肾脏中的 A2/Japan 305 vi 病毒、小鼠流感病毒 A/PR8、小鼠腹膜和卵内的 A/PR8/34 流感病毒都有很强的抗性。Okuda 和 Fujiwara(1982)从 *C. cyathiformis* 和 *C. craniiformis* 中分离到的马勃菌酸(p-carboxyphenyl-azoxycyanide)具有治疗潜力，该化合物在 *C. gigantea* 和 *C. utriformis* 中也相继被发现。Gasco 等(1974)和 Viterbo 等(1975)报道马勃菌酸具有抗菌和抗真菌的活性。Sorba 等(2001)报道马勃菌酸具有很强的抗菌活性，它的一部分衍生物具有抗幽门螺旋杆菌活性，幽门螺旋杆菌能够引起胃部的病变，如消化溃疡和胃癌。Ng 等(2003)在 *C. utriformis* 中分离到了一种核糖体钝化蛋白 calcaelin，能够抑制翻译和有丝分裂，但是这种蛋白质没有抗细菌和抗真菌活性。游洋和包海鹰(2011)发现大秃马勃 *C. gigantea* 未成熟子实体的氯仿提取物对大肠杆菌和金黄色葡萄球菌的生长繁殖有较强的抑制作用。

三、马勃的生态及工业价值

马勃在生态环境中也发挥着重要的作用。*Calvatia* 的所有种都是陆地腐生的，能够促进有机质的分解和再生。Trappe(1962)指出 *Calvatia utriformis* 与 *Pinus sylvestris*、*C. excipuliformis* 与 *Picea abies* 和 *Pinus strobus* 能形成外生菌根。Filer 和 Toole (1966) 报

道在人工条件下 *Liquidambar styraciflua* L.和 *Calvatia craniiformis* 之间能形成内生菌根。Riffle（1968）认为 *Calvatia subcretacea* Zeller (= *Calvatia arctica* Ferd. & Winge) 也是菌根真菌。*Calvatia gigantea*、*C. cyathiformis*、*C. fragilis* (Quél) Morgan [=*C. cyathiformis* f. *fragilis* (Quél) A.H. Sm.] 和 *C. polygonia* A.H. Sm.能形成蘑菇圈（Shantz and Piemeisel，1917；Dickenson and Hutchison，1997），其担子果对蘑菇圈中其他蘑菇的生长可产生刺激作用。Aichberger（1977）指出马勃科真菌对汞的富集效应强于其他物种，如 *Calvatia excipuliformis* 的干物质中含汞 4.75 mg/kg。Pokorny 等（2004）发现 *Calvatia utriformis* 比其他真菌有更高的有毒重金属累积量，其干物质含有砷 10.4 mg/kg、铅 6.63 mg/kg 和镉 8.7 mg/kg。在工业生产及马勃提取物活性方面，Shannon 和 Stevenson（1975a，1975b）报道 *Calvatia gigantea* 能够利用酿酒厂的废物产生微生物蛋白，同时还能产生有重大生物学意义的酶。Kekos 和 Macris（1983）报道 *C. gigantea* 在含有淀粉的液体培养基中产生大量的 α-淀粉酶。值得注意的是，*C. gigantea* 的淀粉酶能够抵抗单宁，众所周知单宁是酶活性的抑制剂。*Calvatia gigantea* 还被发现能够利用有毒的苯酚和多酚类物质，尤其是能利用单宁作为唯一的碳源，显然它能够降解单宁，学者们后来在这种真菌中发现了能降解单宁的酶。降解几丁质的成本限制了把废弃的几丁质转化成单细胞蛋白的可行性，人们发现 *Calvatia* 的成熟子实体可以自我溶解产孢组织，因而联想到这个属的种类或许可以作为降解几丁质酶的来源。关于这一点，Tracey（1955）报道从 *C. gigantea* 成熟未干的柄的粗提物中发现了很强的几丁质酶活性，正常情况下，该提取物 10 天之内能将几丁质样品完全水解。Zikakis 和 Castle（1988）报道了 *C. cyathiformis* 的提取物也具有很强的几丁质酶活性，该提取物冷冻后也不会失去活性，不需提纯就可以用于几丁质水解的研究。*Calvatia cyathiformis* 因此被描述为最有效的、最方便的几丁质酶来源。真菌通常也被认为是很好的脂肪酶来源，在这点上 Christakopoulos 等（1992）认为 *C. gigantea* 生产的脂肪酶要比其他真菌生产的脂肪酶好，因其是一种可食用的真菌，能够制造用于食品工业的脂肪酶。Goud 等（2009）报道从采自印度南部的 *C. sculpta* 中分离到了具有中度活性的脂肪酶、羧基酯酶。

在北美洲的印第安人部落里，有时将马勃用于宗教、装饰等，如有些部落将 *Bovista pila* 用做符咒驱赶鬼魂；还有把它放在圆锥形帐篷上做装饰品，代表安好的意愿，作为神奇的符咒（Burk，1983）。

材料和方法

一、材料

本研究所用标本来自首都师范大学生物学标本馆（BJTC）、中国科学院微生物研究所菌物标本馆（HMAS）和中国科学院昆明植物研究所标本馆隐花植物标本室（HKAS）。标本主要采自北京、河北、山西、内蒙古、辽宁、吉林、黑龙江、上海、江苏、浙江、安徽、福建、山东、河南、湖北、湖南、广东、广西、重庆、四川、贵州、云南、陕西、甘肃、青海、宁夏、新疆等省（自治区、直辖市）。

二、显微观察

借助显微镜,对标本的显微特征进行观察、测量拍照和记录。在光学显微镜(光镜)下观察时,有关担子果的组织结构、孢丝、担孢子等的颜色及大小的测量是基于浮载在乳酚油、Melzer氏液(即碘化钾 1.5 g、碘 0.5 g、水和三氯乙醛 22 g、蒸馏水 22 ml,用于观察孢子或菌丝是否淀粉质)、5%的氢氧化钾溶液(用于干标本复水、展开、还原,以便光学显微观察),以及水中的材料所记载的,除非另有特别说明。

三、扫描电镜观察

自干标本上刮取少量担孢子至双面胶片上,待其自然干燥,经离子溅射仪喷金后于HITACHI S-800 扫描电子显微镜(扫描电镜)下观察并照相。

形 态 特 征

担子果:形状、大小变化较大,呈球形、梨形、陀螺形等,小、中等至大型等。例如,大秃马勃 *Calvatia gigantea* 的直径一般大于 15 cm。有些种类的担子果与底部生长基物的连接紧密,有的在成熟时则很容易与基部生长部位分离,如铅色灰球菌 *Bovista plumbea*,在动物或自然力(如风)的帮助下,很容易与基部生长部位分离,而后随风四处滚动释放孢子。担子果的形态特征一般作为种的界定的辅助依据。

包被:担子果一般由包被包裹,包被的质地、厚薄、颜色、是否质脆等都是重要的分类学特征。包被分外包被和内包被。包被的开裂方式也是很重要的分类学特征。开口或顶孔一般在包被的顶端形成,子实体通过顶孔释放孢子。有些种类在包被顶端形成小孔,如 *Lycoperdon*;有的真菌成熟后包被完全脱落,如 *Langeremannia*;有的真菌在顶端包被不规则碎裂,形成大口,如 *Calvatia*。脱盖马勃属 *Disciseda* 的顶孔是在担子果与生长基物分离时在担子果的底部形成的。

孢体:担子果的内部是其可育部分,称为孢体。孢体结构可能致密或疏松,呈棉絮状或粉末状。孢体成熟时的颜色、形态也是区分某些种类的重要依据。例如,杯形秃马勃 *Calvatia cyathiformis* 的孢体成熟后为紫色。

不孕基部:马勃目中很多种类在产孢组织下部有不孕结构,称为不孕基部,一般结构疏松、多空隙、呈海绵状或致密,不孕基部缺乏或发达是一个重要的分类学特征。一般不孕基部与产孢组织没有明显的隔膜,仅仅有个过渡区,而在 *Vascellum* 中有一层可以辨别的横隔膜,这也是该属建立的重要依据。

孢子:孢子大小、形状、纹饰、是否具柄等,都是重要的分类学特征。有些种的孢子表面光滑,如 *Lycoperdon pyriforme*。大部分表面具有纹饰。孢子纹饰是区分属内不同种的重要特征。

孢丝:孢丝由大量特化的不孕菌丝组成。马勃目中存在两种类型的孢丝:一种是真正的孢丝(true capillitium),褐色、厚壁、无隔或偶尔有隔;一种是拟孢丝(paracapillitium),无色、透明、薄壁、具大量隔膜。真孢丝可以分为以下类型。

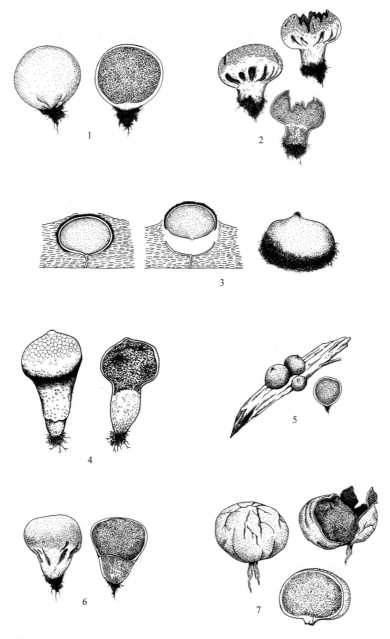

担子果：1.灰球菌属 *Bovista*；2.秃马勃属 *Calvatia*；3.脱盖马勃属 *Disciseda*；4.马勃属 *Lycoperdon*；
5.明马勃属 *Morganella*；6.隔马勃属 *Vascellum*；7.栓皮马勃属 *Mycenastrum*

马勃型（Lycoperdon type），孢丝长、相互缠绕，无隔或稀少分隔，无明显的主干，无纹孔或有圆形或椭圆形的纹孔。*Lycoperdon pyriforme* 是典型的无纹孔孢丝代表，也是马勃属中唯一真正木生的种。这种孢丝类型可以在 *Lycoperdon* 所有种中见到，灰球菌属 *Bovista* 的部分种里见到，*Vascellum* 的大部分种中见到（该属仅具少量的孢丝，且仅分布于孢体的外缘）。

灰球菌型（Bovista type），是几个连接在一起的骨架菌丝，大多无隔，稀少或很多分支，有明显的主干，孢丝上有或无纹孔。这种孢丝类型见于灰球菌属 *Bovista* 的真菌，在静灰球菌属 *Bovistella* 中也能见到。"中间型"(transitional type)的孢丝是指介于马勃型和灰球菌型之间的孢丝类型，主干是可辨认的，但由分支相互连接，这种孢丝典型的代表是 *Bovista limosa* Rostr.。

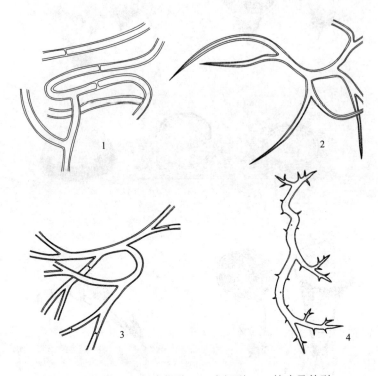

孢丝：1. 马勃型；2. 灰球菌型；3. 中间型；4. 栓皮马勃型

栓皮马勃型(Mycenastrum type)，和灰球菌型一样，由分开的孢丝个体组成，但菌丝的分支明显减少，且孢丝上有小刺，这种孢丝的代表是 *Mycenastrum corium* (Guers.) Desv.

秃马勃型(Calvatia type)，由黏结在一起的菌丝组成，分支稀少，与马勃型相似，但具有很多分隔，且常在隔处断裂。纹孔圆形至不明显的椭圆形、裂缝状，或者无纹孔。此类孢丝在 *Calvatia*、*Langermannia* 和 *Gastropila* 中常见，也出现在相近的属 *Abstoma* 和 *Disciseda*。

在 *Vascellum*(Kreisel, 1993)和木生的属 *Morganella* (Kreisel and Dring, 1967)中，没有真正的孢丝存在，产孢组织常包括大量拟孢丝。

分类研究进展及其评价

马勃(puffball)类真菌最早在 Persoon(1801)的 *Synopsis Methodica Fungorum* 一书中归属于被果纲 Angiocarpi、Dermatocarpi(目)、Trichospermei(科)，包括了钉灰包属 *Batterrea*、柄灰包属 *Tulostoma*、地星属 *Geastrum*、灰球菌属 *Bovista*、马勃属 *Lycoperdon* 和硬皮马勃属 *Scleroderma*。Fries(1823)在 *Systema Mycologicum* 中建立了腹菌纲

Gasteromycetes，下设 5 个目，其中马勃类真菌被划分在 Trichospermi（目）、Trichogastres（亚目）下的 3 个科中，分别为马勃科 Lycoperdei，包括钉灰包属、柄灰包属、地星属、灰球菌属和马勃属；硬皮马勃科 Sclerodermei，包括硬皮马勃属；轴灰包科 Podaxidei，包括轴灰包属 *Podaxon*（现为 *Podaxis*）。Winter（1884）将柄灰包属从马勃科 Lycoperdei 中分出，并设置柄灰包科 Tulostomei 来包括该属。Saccardo（1888）在他的 *Sylloge Fungorum* 中将上述科属全部纳入马勃科 Lycoperdaceae，下设 4 个亚科。其中，Podaxineae 包括 *Gyrophragmium*、*Secotium*、*Podaxon* 等；Diplodermeae 包括 *Tylostoma*（即 *Tulostoma*）、*Geaster*、*Broomeia* 和钉灰包属等；Lycoperdeae 包括秃马勃属 *Calvatia*、灰球菌属和马勃属等；Sclerodermeae 包括硬皮马勃属和歧裂灰包属 *Phellorinia* 等。Fischer（1933a，1933b）最早试图建立一个更趋向于自然的腹菌纲真菌分类系统，将其成员划分为 5 目 12 科，其中马勃类真菌被划分在 Plectobasidineae（目）的 Podaxaceae、Sclerodermataceae、Calostomataceae 和 Tulostomataceae 及 Lycoperdineae（目）的 Lycoperdaceae 5 科中；其后又将 Plectobasidineae（目）改为 Sclerodermatineae，同时将 Podaxaceae 从该目中移出，设置为目——Podaxineae，下设 2 个科，即 Podaxaceae 和 Secotiaceae；将 *Geaster*（现为 *Geastrum*）从 Lycoperdaceae 中移出，并设置 Geastraceae 来包括该属。至此，马勃类真菌被划分在腹菌纲下的 3 目 7 科中。其中 Sclerodermatineae（目）下的 Sclerodermataceae 主要包括硬皮马勃属、豆马勃属 *Pisolithus* 和歧裂灰包属等；Calostomataceae 主要包括丽口菌属 *Calostoma*；Tulostomataceae 主要包括柄灰包属和钉灰包属等。Lycoperdineae（目）下的 Lycoperdaceae 主要包括马勃属、秃马勃属、灰球菌属、脱盖马勃属 *Disciseda*、*Abstoma*、*Broomeia* 和栓皮马勃属 *Mycenastrum* 等；Geastraceae 主要包括地星属等。Podaxineae（目）下的 Podaxaceae 主要包括 *Podaxis*；Secotiaceae 主要包括 *Secotium* 和 *Macowanites* 等。而 Coker 和 Couch（1928）、Cunningham（1944）、Bottomley（1948）、Smith（1951）及 Dring（1964）分别对产于北美洲、澳大利亚和新西兰、南非、非洲西部的腹菌纲成员进行了较为全面和详细的研究，其中 Cunningham（1944）沿用腹菌纲的 5 目系统，但对科及科以下的分类单元进行了重新划分，其中马勃类真菌归并在 3 目 5 科。Sclerodermataceae 和 Calostomataceae 仍然划分在硬皮马勃目 Sclerodermales；将 Tulostomataceae 从硬皮马勃目转移至马勃目 Lycoperdales；取消了 Podaxineae（目），其下的 Podaxaceae 转移至 Tulostomataceae 成为亚科 Podaxonoideae，Secotiaceae 则转移至层腹菌目 Hymenogasterales。针对马勃目 Lycoperdales 的成员，在马勃科 Lycoperdaceae 下划分了 3 个族，Mesophelliae 族包括 3 属：*Mesophellia*、*Castoreum* 和 *Abstoma*，Lycoperdeae 族包括 5 属：马勃属、秃马勃属、灰球菌属、脱盖马勃属和栓皮马勃属，Geastreae 族包括 2 属：地星属和 *Myrtostoma*；在柄灰包科 Tulostomataceae 下划分了 2 亚科：Tulostomoideae 和 Podaxonoideae，4 族：Tulostomeae、Battarraeae、Phellorineae 和 Podaxoneae。Bottomley（1948）沿用了 Cunningham（1944）的概念，其后的许多有关马勃类真菌的研究也采纳了这一分类系统。Zeller（1948）提出了腹菌纲划分为 9 目的概念，其中马勃类真菌被划为 3 目（Lycoperdales、Podaxales、Sclerodermatales）15 科 47 属。Dring（1973）在总结前人工作（Fisher，1900，1933a，1933b；Zeller，1948；Moravec，1958；Coker and Couch，1928；Cunningham，1944；Bottomley，1948；Smith，1951；Dring，1964）的基础上进一步确

定了腹菌纲的科属概念，其中马勃类真菌被划分在 4 个目：Lycoperdales、Podaxales、Tulostomatales、Sclerodermatales，11 个科：Lycoperdaceae、Arachniaceae、Geastraceae、Mesophelliaceae、Podaxaceae、Secotiaceae、Tulostomataceae、Calostomataceae、Scleroderamataceae、Astraceae、Broomeiaceae。Zeller（1948）、Coker 和 Couch（1928）、Demoulin 和 Marriott（1981）等有关腹菌的研究也极具参考价值。《菌物词典》第七版（Hawksworth et al.，1983）基本沿用了 Dring（1973）的观点，但鉴于栓皮马勃属 *Mycenastrum* 的孢丝具短的刺状分支，而 *Broomeia* 的担子果常多个聚生于同一子座上，采纳 Zeller（1948）的观点，将两者从 Lycoperdaceae 中分别转移至栓皮马勃科 Mycenastraceae Zeller 和 Broomeiaceae Zeller 并置于马勃目下，因此将马勃目 Lycoperdales 划分为 5 科：Lycoperdaceae、Broomeiaceae、Geastraceae、Mesophelliaceae 和 Mycenastraceae；鉴于钉灰包属具有独特的弹丝，歧裂灰包属和网格歧裂灰包属 *Dictyocephalos* 的菌柄外层与外包被相连续，内包被常因不规则破裂而呈杯状或盘状，分别沿用钉灰包科 Battarreaceae Corda 和歧裂灰包科 Phelloriniaceae Ulbr.来包括这 3 个属，因此将柄灰包目 Tulostomatales 划分为 4 科：Tulostomataceae、Calostomataceae、Battarreaceae 和 Phelloriniaceae；硬皮马勃目 Sclerodermatales 被划分为 4 科：Sclerodermataceae、Geastraceae、Diplosystaceae 和 Sphaerobolaceae；轴灰包目 Podaxales 被划分为 2 科：Podaxaceae 和 Secotiaceae。

随着分子生物学技术的发展及其在真菌系统分类学研究中的广泛应用，大量的研究结果表明，马勃类真菌与伞菌类真菌在系统发育与演化方面有着千丝万缕的联系。据此，《菌物词典》第八版（Hawksworth et al.，1995）、第九版（Kirk et al.，2001）和第十版（Kirk et al.，2008）均对马勃类真菌各类群的分类系统和分类学地位进行了相应的修订。《菌物词典》第九版（Kirk et al.，2001）将 Broomeiaceae、Lycoperdaceae、Phelloriniaceae、Mesophelliaceae、Mycenastraceae 和 Tulostomataceae（包括 Battarreaceae 的成员）划分在伞菌目 Agaricales；Sclerodermataceae 和 Diplosystaceae 划分在牛肝菌目 Boletales；Geastraceae（包括 Sphaerobolaceae 的成员）划分在鬼笔目 Phallales；Podaxaceae 和 Secotiaceae 的成员归并至 Agaricales 下的伞菌科 Agaricaceae。《菌物词典》第十版（Kirk et al.，2008）又进一步将 Lycoperdaceae、Mycenastraceae 和 Tulostomataceae 的成员归入 Agaricaceae，Mesophelliaceae 转移至辐片包菌目 Hysterangiales，Geastraceae 从 Phallales 移出并设置地星目 Geastrales 来包含该科。为与过去已经编撰的有关腹菌纲各目使用的分类系统相一致，本卷沿用传统的马勃目分类系统，包括 5 科：Lycoperdaceae、Broomeiaceae、Geastraceae、Mesophelliaceae 和 Mycenastraceae。其中 Geastraceae 在中国的种类和分布已在《中国真菌志第三十六卷地星科 鸟巢菌科》（周彤燊，2007）中进行了全面的记录。Broomeiaceae 仅包括 1 属 2 种，一直被认为是南非的特有属种，Lugo 等（2012）自南美洲的阿根廷发现了 *Broomeia congregata* Berk.，我国未有记载，本次研究中也没有发现。Mesophelliaceae 下的 5 属 18 种均为澳大利亚和新西兰的特有属种，我国没有发现和记载。因此本卷仅包括了中国产马勃科 Lycoperdaceae 和栓皮马勃科 Mycenastraceae。

马勃科 Lycoperdaceae Chevall. 建立于 1826 年，传统上隶属于腹菌纲 Gasteromycetes 马勃目。Hollós（1904）认为马勃科包含 10 个属。Fischer（1933b）将该科

中的柄灰包属 *Tulostoma*、钉灰包属 *Battarrea*、*Astraeus* 及地星属 *Geastrum* 分别转至硬皮马勃科 Scleroderamataceae、柄灰包科、地星科 Astraceae。Pilát(1958)将马勃科分为了 7 个属：*Calvatia*、*Vascellum*、*Lasiosphaera*、*Lycoperdon*、*Bovista*、*Bovistella* 和 *Disciseda*，接受 Zeller(1948)的观点将栓皮马勃属 *Mycenastrum* 从马勃科中置于栓皮马勃科 Mycenastraceae 中，Hawksworth 等(1983)的《菌物词典》第七版沿用了将 *Mycenastrum* 从马勃科中移出建立栓皮马勃科的观点。Kreisel(1969)对世界范围内的马勃科成员进行了研究，包括了灰球菌属 *Bovista*、*Calbovista*、静灰球菌属 *Bovistella*、脱盖马勃属 *Disciseda*、秃马勃属 *Calvatia*、*Langermannia*、明马勃属 *Morganella*、马勃属 *Lycoperdon* 及 *Vascellum*。Kreisel(1989，1992)从 *Calvatia* 属中分出一个新属：龟裂秃马勃属 *Handkea*，并将 *Langermannia* 放回 *Calvatia* 属。Kreisel 把有无真正的孢丝、孢丝的结构、内包被的开口方式和不孕基部的有无等特征作为马勃科真菌分类的依据，这一观点尤其在欧洲地区得到广泛认同(Pegler et al.，1995；Sarasini，2005)。Kirk 等(2001)在《菌物词典》第九版中将马勃科移至伞菌目 Agaricales，包括 18 个属：*Abstoma*、*Acutocapillitium*、*Arachnion*、*Arachniopsis*、*Bovista*、*Bovistella*、*Disciseda*、*Calbovista*、*Calvatia*、*Gastropila*、*Glyptoderma*、*Lycoperdon*、*Lycogalopsis*、*Lasiosphaera*、*Lycoperdopsis*、*Langermannia*、*Morganella*、*Vascellum*，158 种，其中 *Bovista*、*Bovistella*、*Disciseda*、*Calvatia*、*Lycoperdon*、*Morganella*、*Vascellum* 为常见属。中国有 8 属 52 种。

拟蛛马勃属 *Arachniopsis* 由 Long(1917)建立，仅包括模式种 1 种，*Arachniopsis albicans* Long，分布于美国得克萨斯州的登顿，其后再无有关该属种的报道。本卷记载我国发现的该种，标本采自青海察汗乌苏。拟蛛马勃属区别于马勃科其他属的主要特征是担子果顶端不规则开裂成内卷的裂片，基部有索状假根，孢丝薄壁、稀少且碎断。Kirk 等(2001，2008)在《菌物词典》第九版和第十版中均记载全世界有 1 种。

灰球菌属 *Bovista* Pers.建立于 1794 年，Morgan(1892)给出了较准确的界定，描述灰球菌属的主要特征为：担子果成熟时基部与着生部位分离，担子果随风滚动一段距离，孢丝具明显主干，分支末端尖细[此类孢丝现在称为灰球菌型(Bovista type)孢丝]。

灰球菌属自建立以来一直是一个界定清晰的属，其典型特征即担子果与着生部位脱离并具有灰球菌型的孢丝。该属成员主要发生于温带，在世界范围内分布广泛。Kreisel(1967)发表的有关该属的专著性工作为灰球菌属的系统分类学研究和资源调查奠定了非常好的基础。他研究了世界范围内(德国、比利时、新西兰、瑞典、捷克斯洛伐克、法国、意大利、挪威、美国、墨西哥、阿根廷、英国、荷兰、加拿大、匈牙利、丹麦)的 39 个标本馆和研究机构保藏的 *Bovista* 名下的包括模式标本在内的标本,在其论著中承认并描述该属种类 45 种，并给出了种的线条图和检索表及部分种类的担子果干标本照片。有关灰球菌属的区域性研究包括非洲东部(Demoulin and Dring，1975)、芬兰(Haeggstrom，1997)、冰岛(Hallgrimsson，1988)、印度(Sharma et al.，2007)、日本(Yoshie et al.，2004；Miwa and Kasuya，2009)、蒙古(Dörfelt and Bumzaa，1986)、北美洲(Coker and Couch，1928；Smith，1951；Zeller and Smith，1964；Bates et al.，2009)、欧洲北部(Larsson et al.，2009)、比利时(Demoulin，1968)、西班牙和葡萄牙(Calonge，1998)、德国(Kreisel，1973)、巴基斯坦(Ahmad，1952；Ahmad et al.，1997；Yousaf et al.，2013)、巴拿马(Gube and Piepenbring，2009)、南非(Bottomley，1948；Devilliers et al.，1989)、南美洲(Suárez and Wright，1994；Baseia，2005a；Trierveiler-Pereira et al.，2010，2013)、澳大利亚和新西兰(Cunningham，1944)、中国(Liu，1984)、英国(Pegler et al.，1995) 等。Calonge 等(2004)、Baseia (2005b)和 Grgurinovic (1997) 报道了墨西哥、巴西和澳大利亚的灰球菌属真菌，并给出了种的线条图、检索表和担孢子扫描电镜图等。Kirk 等(2001，2008)在《菌物词典》第九版和第十版中主要采纳了 Kreisel (1967) 和 Calonge (1998)的观点。

　　常与灰球菌属混淆的马勃科成员主要隶属于静灰球菌属 *Bovistella* 和马勃属 *Lycoperdon*。静灰球菌属与灰球菌属的主要区别在于其担子果不与着生部位分离，也就是说生长时一直固定于着生处，而灰球菌属的担子果成熟时与着生部位分离并随风滚动。事实上，Morgan(1892)在建立静灰球菌属 *Bovistella* 时还列举了另外一个特征，即 *Bovistella* 的担子果具有发达的不孕基部。Lloyd(1902, 1905a)接受 Morgan (1892)的观点，但认为不孕基部的有无不能作为属的关键特征，Cunningham(1944)更将 *Bovistella* 作为 *Bovista* 的异名来处理，Bottomley(1948)也持同样的观点。后来的学者发现 *Bovistella* 的担子果在不孕基部和孢体之间存在假隔膜，且孢体不具中轴，仍将两者区分为两个独立的属，如 Ahmad (1952)、Smith (1951)、Zeller (1948)、Reid (1953)、Calonge (1990，1998)、Kreisel (1973)、Demoulin 和 Marriott (1981)、Grgurinovic (1997) 和 Pegler 等(1995)等。马勃属与灰球菌属的主要区别之一在于其担子果不与着生部位分离，更重要的区别特征是孢丝没有主干、有分支但末端多数不尖细，现在称为马勃型 (Lycoperdon type)孢丝，完全不同于灰球菌属的种，担子果多数具有发达的不孕基部。灰球菌属成员多数具有灰球菌型的孢丝，易于与马勃属的种相区别，但少数种的孢丝为马勃型，如 *Bovista longissima* Kreisel，此时则需要依据担子果是否与着生部位分离加以区别。

　　静灰球菌属 *Bovistella* 是 Morgan 于 1892 年从马勃属划分出来的，用于包括那些具有灰球菌型孢丝、担子果成熟时不与着生部位分离的马勃科真菌。有关该属的种类记载较少，因与马勃属和灰球菌属的成员不易区别，Lloyd (1905a)曾界定该属特征为担子果成熟时不与着生部位分离、担孢子具柄，进而把原来隶属于马勃属的具有类似特征的种类转移至静灰球菌属，忽略了这两个属间的最重要的界限——孢丝分别为灰球菌型、马勃型，导致属间界限的混淆；Cunninghanm (1944)等则将其作为 *Bovista* 的异名(如上所述)。Dring (1973) 系统中 *Bovistella* 仅包括一个种 *Bovistella paludosa* (Lév.) C.G. Lloyd(现在是 *Bovista paludosa* Lév.)，许多种被转移至 *Bovista* 或 *Lycoperdon*。Kreisel 和 Calonge(1993)在对腹菌纲进行系统研究时，观察了来自不同国家的标本，其中包括 *Bovistella* 的大多数模式种，据此，他们承认了静灰球菌属 4 种并描述了 1 个新种，同时将 *Calvatiella* Chow (1936)处理为 *Bovistella* 的异名。Kreisel 和 Calonge 没有看到 Chow 发表该属的两个种 *Calvatiella sinensis* C.H. Chow 和 *Calvatiella lioui* C.H. Chow 时所依据的模式标本，因为这两份标本在第二次世界大战中已丢失，但根据 Chow 的原始描述，发现他所研究的采自西班牙的一些标本与 *Calvatiella sinensis* 的特征非常吻合，且符合 *Bovistella* 的特征。文章给出了种的描述、线条图和扫描电镜图，并以孢丝上是否有纹孔为主，以及假根的有无，孢子颜色、小柄的长短，纹孔的大小，外包被的纹饰等分类学特征为依据列出了 5 个种的检索表，同时将不属于该属的种分别转移至 *Bovista* 或

Lycoperdon。Kirk 等(2001)在《菌物词典》第九版中即采纳了 Kreisel 和 Calonge(1993)的观点。但在《菌物词典》第十版中(Kirk et al.，2008)则接受了 Larrson 和 Jeppsson(2008)的观点。Larrson 和 Jeppsson(2008)对北欧地区马勃科下主要属，如 *Lycoperdon*、*Calvatia*、*Bovista*、*Bovistella*、*Morganella*、*Handkea* 等采用分子系统学方法研究了属间的系统发育关系，并根据研究结果将 *Bovistella* 处理为 *Bovista* 的异名。

秃马勃属 *Calvatia* Fr.由 Fries 建立于 1849 年，仅包括模式种 *Calvatia craniiformis* (Schwein.) Fr. 一个种。1890 年，Morgan 对该属进行了修订，将之前隶属于马勃属 *Lycoperdon* 的几个种，如 *Lycoperdon cyathiforme* Bosc.、*Lycoperdon fragile* Vittad. 等转移至该属。秃马勃属的种在世界范围内广泛分布(Kirk et al.，2001)，甚至在寒冷的北极荒漠地区(Lange，1990)或极度干旱的沙漠地带(Lange，1993)都有该属的成员。

关于该属的地方性专著主要有：Ahmad (1956) 涉及巴基斯坦的种；Silveria(1943) 涉及巴西的种；Cunningham(1944) 涉及澳大利亚和新西兰的种；Bottomley(1948)涉及南非的种；Šmarda(Pilát 1958)及 Kreisel(1962)研究了欧洲中部的种类；Dissing 和 Lange (1962)及 Dring(1964)研究了中非、西非地区的种；Coker 和 Couch (1928)及 Zeller 和 Smith(1964)研究了北美洲的种类；Demoulin (1968)对比利时、Calonge (1998)对西班牙和葡萄牙等地的该属成员进行了研究并给出了详细的形态特征描述、检索表及线条图等；Liu(1984)记录了中国的种类；Miller 等(1980)和 Lange(1990)描述了分布于北极地区的种类；Grgurinovic(1997)研究了澳大利亚的种类。一些零散的有关秃马勃属的分类学研究也具有较好的参考价值。例如，Moreno 等(1996，1998)描述了产自西班牙的秃马勃属新种 *Calvatia complutensis* G. Moreno，Kreisel & Atlés(西班牙)和 *Calvatia booniana* A. H. Sm.(西班牙、伊朗和尼泊尔)；Calonge 等(2003)描述了产自哥斯达黎加的新种 *Calvatia sporocristata* Calonge；Baseia(2005b)、Cortez 和 Alves(2012)、Cortez 等(2012)描述了产自巴西的种并给出了种的检索表；Calonge 和 Verde(1996)记载了委内瑞拉的 *Calvatia candida* var. *rubroflava* (Cragin) G. Cunn.；Khalid 和 Iqbal (2004) 描述了产自巴基斯坦的 *Calvatia ahmadii* Khalid & S.H. Iqbal；Kasuya(2005)描述了日本产秃马勃属种并给出了检索表；Demoulin 和 Lange(1990)及 Demoulin(1993)修订了一些秃马勃属种类的名称；Coetzee(2007)、Coetzee 和 van Wyk(2003a，2003b，2005，2007，2013)有关秃马勃属分类学的一系列工作，包括对模式标本的研究结果，澄清了一些命名方面的问题。

Kreisel(1989，1992)对秃马勃属进行了专论性的研究，界定了秃马勃属的主要特征：孢丝马勃型，具真正的横隔膜，隔膜处缢缩，隔膜间距多少呈规则的，孢丝具圆形或椭圆形的纹孔。根据各种间的亲缘关系把秃马勃属成员分成 8 组：*Calvatia* sect. *Calvatia*；*Calvatia* sect. *Gastropila* (Homrich & Wright) Kreisel；*Calvatia* sect. *Lanopila* (Fr.) Kreisel；*Calvatia* sect. *Langermannia* (Rostk.) Kreisel；*Calvatia* sect. *Hypoblema* (C.G.Lloyd) Kreisel；*Calvatia* sect. *Hippoperdon* (Mont.) Kreisel；*Calvatia* sect. *Cretacea* Kreisel；*Calvatia* sect. *Sculpta* Kreisel。Calonge 和 Martin(1990)研究了在 *Calvatia pachyderma* (Peck) Morgan 名下发表的来自欧洲的标本(Demoulin，1993)，以及 NYS、NCU 标本馆保藏的 *Calvatia pachyderma* 名下的标本(包括模式和等模式标本)和来自阿根廷 BAFC 的一份 *Gastropila fragilis* 标本，认为来自美洲的所有具有光滑的卵圆形担

孢子的标本及 Demoulin 等 (1993) 研究过的欧洲标本均为 *Gastropila fragilis* (Lév) Homrich @ Wright, 其余标本的担孢子呈球形或近球形、表面具疣, 符合最初的 *Calvatia pachyderma* 的概念 (Morgan, 1890; Coker and Couch, 1928; Kreseil, 1989), 并将其转移至 *Langermannia*。*Langermannia* 与秃马勃属的区别在于担子果缺乏不孕基部、外包被单层、薄、易脱落, 此两属的成员有时难于界定和区分 (Homrich and Wright, 1973; Calonge and Martin, 1990)。*Gastropila* 与秃马勃属的成员的区别也较小, 主要在于 *Gastropila* 的担子果缺乏不孕基部, 外包被三层, 担孢子表面光滑。有关秃马勃属、*Gastropila*、*Langermannia* 三属的界定, Kirk 等 (2001, 2008) 在《菌物词典》第九版和第十版中主要采纳了 Calonge 和 Martin (1990)、Kreisel (1989)、Coetzee 和 van Wyk (2003a, 2005) 的观点。

　　Calbovista Morse ex M.T. Seidel 的担子果宏观形态特征也易与秃马勃属成员混淆, 区别在于前者的担子果无不孕基部, 孢丝灰球菌型、具大量分支、表面没有纹孔 (Morse, 1935; Seidel, 1995)。

　　脱盖马勃属 *Disciseda* Czern. 由 Czerniaiev 于 1845 年建立, 主要特征是外包被在成熟担子果的基部永存、呈盘状, 模式种为 *Disciseda collabescens* Czern., 随后又增加了 *D. compacta* Czern. (1845)。Czerniaiev 发表该属种时没有描述微观特征, 也没有提供任何相关的线条图解, 该属在此后很长一段时间里处于模糊状态且未被承认。Morgan (1892) 建立了另一个属 *Catastoma*, 其主要特征是担子果在基部开口, 顶端具由外包被残留形成的衣领状结构, 孢丝由短的、分离的菌丝组成。1903 年, Hollós 认为 Morgan 建立的 *Catastoma* 和 *Disciseda* Czern. 为同一个属, 根据命名法规, *Disciseda* Czern. 具有优先权, 是有效名称。值得一提的是, 当时的一些真菌学者仍然习惯用 *Catastoma* Morgan, 因为这个词代表了基部孔口 (base mouth) 的意思, 因此后来发表的一些种类或区域性研究结果 (Lloyd, 1904, 1905b, 1905c, 1918; Lohwag, 1930) 被置于这一名称下。Zeller (1947) 研究了 Lloyd 发表的置于 *Catastoma* 中的种类的模式标本, 其中的 7 个种被转移至 *Disciseda*。

　　关于脱盖马勃属成员的担子果在基部开口及开口方式的问题早期一直困扰着真菌分类学家。Lloyd (1904, 1918) 认为担子果的开口不是自基部的, 描述该属担子果成熟后较厚的外包被不规则周裂, 下半部分呈杯状留在地上, 而上半部分呈帽状附着于内包被上, 成熟后内包被连同残留在顶端的外包被脱离其着生部位; Cunningham (1944) 认为开口在基部不是此类真菌的普遍特征; Coker 和 Couch (1928) 描述该属担子果有厚的菌托状的包被。包被两层, 外层由白色菌丝缠绕沙粒、土壤碎屑等其他杂质构成, 当担子果成熟后外包被裂开, 下半部分留在着生部位; Lohwag (1930) 认为开口在基部这一形态学特征较合理的解释为: 内包被在基部有一菌丝束, 当菌丝束与内包被分离时会形成一个小孔或至少有一个点状裂痕, 裂痕后来会变成一个开口。1950 年, Ahmad 观察了 *Disciseda cervina* (Berk.) G. Cunn. 的发育过程, 发现担子果的外包被并不像以前描述过的那样周裂, 而是下半部分因与内包被缺少连接而碎裂; 外包被与内包被在顶端紧密地黏着在一起, 黏结处具有由菌丝形成的一层毡状物质, 因而两者不易分离; 基部孔口的形成则是由于担子果基部的菌索与着生土壤脱离及内包被在该位置的破裂所造成的。Smith (1951) 对该属这一特征做了较为准确的描述: 担子果幼时具根状菌索, 外包被厚,外包被的上半部通过一层海绵状纤维状物质与内包被紧密黏合在一起，外包被的下半部和上半部分开，并与内包被完全分离，担子果连同残留在担子果上的部分外包被从着生部位脱离，露出基部的小口释放孢子。

脱盖马勃属成员喜生于干燥的草原及沙质土壤，在全世界广泛分布。主要地方区域性研究有：Cunningham（1944）涉及澳大利亚和新西兰的种；Bottomley（1948）涉及南非的种；Ahmad（1952）涉及巴基斯坦的种；Kreisel（1962，1973）研究了欧洲中部的种类；Demoulin（1968）对比利时、Calonge（1998）对西班牙和葡萄牙等地的该属成员进行了研究并给出了详细的形态特征描述、检索表及线条图等；Coker 和 Couch（1928）、Zeller 和 Smith（1964）、Smith（1951）及 Bates 等（2009）研究了北美洲的种类；Dissing 和 Lange（1962）及 Dring（1964）研究了中非、西非地区的种；Grgurinovic（1997）研究了澳大利亚的种类，并给出了种的检索表；Calonge 和 Verde（1996）记载了西班牙新记录种 *Disciseda anomala*（Cooke & Massee）G.H. Cunn.；Pérez-silva 等（2000）、Esqueda 等（2006）、Moreno 等（2007）和 Hernández-Navarro 等（2013）描述了墨西哥索诺拉沙漠的种等。

关于脱盖马勃属的系统性的、修订性的工作较少。值得关注的是，Moravec（1954）系统地研究了 PRC、PR、K、LIL、BAB 等标本馆馆藏的 *Disciseda* 名下及来自 J.E. Wright 博士的南美洲的模式标本及其他标本，覆盖欧洲、北美洲和南美洲，承认并描述了 5 个种和变种。Moreno 等（2003）研究了来自澳大利亚、新西兰、欧洲和北美洲的 *Disciseda* 种的模式标本（标本保藏于 K、NY、PDD、AH、BCMEX 等标本馆），对它们的宏观和微观特征进行了详细的研究，强调形态学特征、孢子纹饰及嘴部（内包被孔口）的次级结构在种类划分中的重要性，重新界定并承认了 4 个种，给出了详细的描述及担子果照片和担孢子的扫描电镜照片。Kirk 等（2001，2008）在《菌物词典》第九版和第十版中主要采纳了 Moravec（1954）、Grgurinovic（1997）和 Moreno 等（2003）的观点。

与脱盖马勃属形态特征最相似的属是 *Abstoma* G. Cunn.，区别主要在于 *Abstoma* 的担子果成熟后不形成孔口。Zeller（1948）研究 *Abstoma* 的标本时发现该属有些种类也具有小疣状纹饰的孢子，因此认为网纹状的孢子作为两属间的鉴别特征不是十分可靠。

马勃属 *Lycoperdon* Pers. 建于 1794 年。*Lycoperdon* 这一名称最早由 Tournefort 于 1700 年提出，用于描述球形或近球形、内容物呈粉状的真菌。这一概念将大部分腹菌纲 Gasteromycetes 的种还有黏菌纲 Myxomycetes、核菌纲 Pyrenomycetes、块菌目 Tuberales 及锈菌目 Elaphomycetales 的一些种囊括在内。Persoon（1801）以 *Lycoperdon perlatum* Pers. 为模式种对 *Lycoperdon* 的鉴别特征进行了极简略的描述："包被有茎，顶端开裂，具疣状丛毛，具细刺"，并将该属置于腹菌纲，包括了如下种：*L. giganteum*、*L. bovista*、*L. pratense*、*L. utriforme*、*L. mammaeforme*、*L. excipuliforme*、*L. perlatum*、*L. candidum*、*L. echinatum*、*L. umbrinum*、*L. quercinum*、*L. pyriforme*、*L. gossypinum*。Persoon 的概念包含了现在隶属于马勃科的大部分属种。当时的一些持保守观点的学者，如 Poiret（1808）等甚至希望对 *Lycoperdon* 采用更宽的概念，将 Persoon 在 *Scleroderma*、*Geastrum* 下描述的种重新组合到 *Lycoperdon* 中，这两个属现在分别隶属于硬皮马勃科和地星科。

Rostkovius（1839）把包被不规则开裂的种类从 *Lycoperdon* 中划分出去，第一次对 *Lycoperdon* 进行了修订，Morgan（1890）进一步把这些种定义为 *Calvatia*（秃马勃属），这一观点被后来学者广泛接受。Quélet(1873)放弃了 *Lycoperdon* 和 *Bovista*，用 *Utraria* 和 *Globaria* 代替它们，其中 *Globaria* 用于包含不孕基部不发达且无灰球菌型孢丝的种类，但 Schröeter(1889)和 Fisher(1900)在修订时没有接受 Quélet(1873)的观点，Kreisel (1967)在完成他的 *Bovista* 专著性研究时把上述从 *Lycoperdon* 中分出的 *Globaria* 作为 *Bovista* 的亚属。Lloyd(1906)尝试把孢子有柄的种从 *Lycoperdon* 中划分出来，但是没有得到认可。Šmarda(Pilát，1958)从 *Lycoperdon* 中分出了新属 *Vascellum*，该属成员具有将不孕基部和产孢组织分开的横隔膜，没有真正的孢丝或仅在产孢组织外缘有少量的孢丝，拟孢丝的数量很多。Zeller(1948)、Kreisel 和 Dring(1967)从 *Lycoperdon* 中分出了新属 *Morganella*，该属成员没有真正的孢丝，拟孢丝的数量很多，全部着生于朽木上。Demoulin(1973a)在对 *Lycoperdon* 的模式种进行标定时认为，Kreisel(1967)在完成 *Bovista* 的专著性研究时对 *Lycoperdon* 的概念也进行了界定，即该属的种具有的主要特征为：内包被顶端具孔口，具由较大的细胞构成的不孕基部，具有假的中柱，具有真正的孢丝，孢丝非灰球菌型。Demoulin(1973a)接受 Kreisel 的概念，并指出 *Lycoperdon perlatum* Pers.为该属的模式种。这一概念得到广泛认可。Demoulin 及其合作者(Demoulin，1968，1970，1971a，1971b，1972，1973b，1976，1979，1983a，1983b；Calonge and Demoulin，1975；Demoulin and Marriott，1981)对世界范围内(主要包括欧洲、北美洲和南美洲)的马勃属系统分类学开展了深入的研究，为马勃属的后续研究奠定了非常好的基础，其中 Demoulin(1976，1983b)给出了马勃属 27 种的分种检索表，Demoulin(1979)对马勃属 14 个种的模式进行了标定，Demoulin 和 Marriott(1981)给出了英国产马勃属真菌分种检索表，其他研究也多给出了分种检索表和较详细的描述。Kirk 等(2001，2008)在《菌物词典》第九版和第十版中主要采纳了 Demoulin (1975，1981，1983a，1983b) 及其合作者的观点。Larrson 和 Jeppsson(2008)对北欧地区马勃科下主要属，如 *Lycoperdon*、*Calvatia*、*Bovista*、*Bovistella*、*Morganella*、*Handkea* 等采用分子系统学方法研究了属间的系统发育关系，建议将 *Vascellum*、*Morganella*、*Bovistella* 转移至 *Lycoperdon* 作为亚属，并将 *Lycoperdon* 划分为 6 个亚属，即 *Lycoperdon* subgenus *Lycoperdon*、*Lycoperdon* subgenus *Vascellum*、*Lycoperdon* subgenus *Morganella*、*Lycoperdon* subgenus *Bovistella*、*Lycoperdon* subgenus *Utraria*、*Lycoperdon* subgenus *Apioperdon*。Kirk 等(2008)在《菌物词典》第十版中接受了 Larrson 和 Jeppsson(2008)的观点。本卷仍然采用传统的观点(Demoulin and Dring，1975；Demoulin and Marriott，1981；Demoulin，1983a，1983b)。

马勃属成员在世界范围内分布广泛，有关马勃属的较系统和全面的区域性研究主要有：印度(Bisht et al.，2006)、泰国(Dissing，1963)、巴基斯坦西部(Ahmad，1952)、蒙古(Dörfelt and Bumzaa，1986)、中国(邓叔群，1963；Liu，1984；Eckblad，1984；Ellingsen，1982)、日本(Kasuya，2004)、德国(Kreisel，1973)、英国(Massee，1889；Pegler et al.，1995)、西班牙(Vidal and Calonge，1996)、欧洲(Calonge et al.，2000；Jeppson et al.，2012)、非洲西部(Dring，1964)、南非(Bottomley，1948)、中非(Dissing and Lange，1962；Demoulin and Dring，1975)、美国(Johnson，1929；Smith，1951；Ramsey，1980；Bates et al.，2009)、墨西哥(Guzmán and Herrera，1969；Calderón-Villagómez and Pérez-Silva，1989；Calonge et al.，2004；Moreno et al.，2010)、北美洲(Bowerman，1961)、

巴西(Baseia,2005b;Cortez et al.,2013)、澳大利亚和新西兰(Cunningham,1944;Grgurinovic,1997)等。近年的一些零星记载也有参考价值,如尼泊尔(Giri and Rana,2007)、土耳其(Doğan et al.,2007)、波兰(Friedrich,2011)。

　　明马勃属 *Morganella* Zeller 建于 1948 年,模式种为 *M. mexicana* Zeller。Kreisel(1964)注意到 *Lycoperdon compactum* G. Cunn.、*Lycoperdon purpurascens* Berk. & M.A. Curtis、*Lycoperdon subincarnatum* Peck 和 *Lycoperdon fuligineum* Berk. & M.A. Curtis 4 个种具有一些不同于马勃科其他成员的共同特征:没有真孢丝、没有分隔产孢组织和不孕基部的横隔膜、包被双层、都生长在枯木上(*Lycoperdon* 中只有 *L. pyriforme* 为木生,但该种具有大量的真孢丝),认为这几个种是一个自然的类群,应该从 *Lycoperdon* 中分出,而这些特征与 *Morganella* 符合。Kreisel 和 Dring(1967)进一步研究了 Zeller 描述 *Morganella* 时所依据的标本,认为以 *Morganella mexicana* 为模式种建立的 *Morganella* 是成立的,上述 4 个种也应归并入该属,并根据该属担子果具有两层包被将其划入马勃科 Lycoperdaceae,同时,根据 Singer 等(1963)的描述将 *Radiigera puiggari* (Speg.) Singer, J.E. Wright & E. Horak(即 *Bovista puiggarii* Speg.)也转至 *Morganella*。Kreisel 和 Dring(1967)界定明马勃属的主要特征为:担子果着生于朽木上,包被两层,顶端具孔口,呈不规则撕裂状,具不孕基部,不发达,具大量拟孢丝,没有真孢丝,产孢组织与不孕基部间没有假隔膜,成熟后粉末状,担孢子常具有纹饰。承认并描述明马勃属种类 7 种,即 *Morganella fuliginea*(Berk. & Curt.)Kreisel & Dring、*M. velutina*(Berk. ex Massee)Kreisel & Dring、*M. purpurascens*(Berk. & M.A. Curtis)Kreisel & Dring、*M. puiggarii*(Spec.)Kreisel & Dring、*M. compacta*(G. Cunn.)Kreisel & Dring、*M. afra* Kreisel & Dring、*M. subincarnata*(Peck)Kreisel & Dring,并给出了种的检索表。明马勃属区别于马勃属、秃马勃属和灰球菌属等马勃科成员的主要特征在于担子果着生于朽木上、缺乏真孢丝及具大量的拟孢丝。Ponce de Leon(1971)又进一步对该属进行了修订,将 *Morganella* 分为 2 族:Section *Morganella*、Section *Subincarnata*,5 组,包括了 9 种,在 Kreisel 和 Dring(1967)研究基础上,增加了 *Morganella somoensis* (Bres. & Pat.)P. Ponce de León 和 *M. stercoraria* P. Ponce de León,给出了种的详细描述和分种检索表。Larsson 和 Jeppson(2008)基于对 *M. fuliginea* 和 *M. subincarnata* 的 ITS、LSU 序列的分析,建议把 *Morganella* 作为 *Lycoperdon* 的亚属。Kirk 等(2001)在《菌物词典》第九版中主要采纳了 Kreisel 和 Dring(1967)、Ponce de Leon(1971)的观点,在《菌物词典》第十版(Kirk et al.,2008)时采纳 Larsson 和 Jeppson(2008)的观点将 *Morganella* 的成员归并至 *Lycoperdon*。本卷采用 Kreisel 和 Dring(1967)、Ponce de Leon(1971)观点。较之马勃科其他属,如 *Lycoperdon*、*Calvatia*、*Bovista* 等,有关明马勃属成员的研究相对偏少,这或许与该属成员主要分布于热带有关,而我们对热带马勃类真菌的研究相对较少,近年有关明马勃属真菌的研究有所增加。Besl 等(1982)描述了产自德国巴伐利亚的 *M. subincarnata*;Suarez 和 Wright(1996)详细描述了产自南美洲的 3 个明马勃属的种,给出了种的线条图、担孢子扫描电镜图及分种检索表,建议将 *M. puiggarii* 处理为 *M. fuliginea* 的异名;Cortez 等(2007)在研究了巴西的 *Lycoperdon benjamin* Rick 的模式标本后,认为该种应组合至 *Morganella*,定名为 *Morganella benjaminii*(Rick)Cortez, Calonge & Baseia;Barbosa 等(2011)也记载了来自巴西的 *M. compacta*;Alfredo 等(2012)

描述来自巴西的 2 新种 *Morganella albostipitata* Baseia & Alfredo 和 *Morganella rimosa* Baseia & Alfredo，并给出了线条图、担子果照片和担孢子扫描电镜照片；Ellingsen（1982）描述产自泰国的 *M. compacta*；Young 等（2004）自澳大利亚昆士兰州拉米顿国家公园发现了 *M. subincarnata*；Kreisel（1976）自尼泊尔发现 *M. purpurascens*；Morales 等（1974）描述产自哥斯达黎加的 4 个种，包括 1 新种 *Morganella costaricensis* M.I. Morales，Calonge 和 Mata（2006）描述了 5 种，两者合并则该地区记载 8 种；Sharma 和 Thind（1990）记载印度产 *M. subincarnata*；Gube 和 Piepenbring（2009）、Alves（2013）、Alves 和 Cortez（2013）记载来自巴拿马的 3 种，包括 1 新种 *Morganella sulcatostoma* C.R. Alves & Cortez。

  隔马勃属 *Vascellum* 由 Smarda 于 1958 年自 *Lycoperdon* 中分出，主要特征是担子果具有将产孢组织和不孕基部分隔开来的隔膜，模式种为 *Vascellum depressum* (Bonord.) F. Šmarda。Kreisel（1962）认为 *V. depressum* 是 *Lycoperdon pratense* Pers.的同物异名，将两者组合为 *Vascellum pratense* (Pers. em. Quélet.) Kreisel，同时对隔马勃属的特征进行了补充、修订。主要特征为：真孢丝显著退化、具大量拟孢丝、产孢组织和不孕基部间有羊皮纸样隔膜将两者分隔开来。真孢丝为马勃型，通常仅出现在孢体的外缘或完全缺乏，拟孢丝高度发育，类似于 *Morganella* 的情况，担孢子通常无柄；外包被与 *Lycoperdon* 的种相似，由圆锥形小刺组成。Ponce de Leon（1970）和 Kreisel（1993）对世界范围内的隔马勃属种类进行了研究，在属的界定方面采纳了 Kreisel（1962）的观点，将划分在马勃属中具有上述特征的种类转移至隔马勃属。Kreisel（1993）给出了分种检索表。Smith（1974）、Homrich 和 Wright（1988）分别研究了北美洲和南美洲的隔马勃属种类，描述该属新种 8 个，文中给出了分种检索表、线条图和担孢子扫描电镜图。Homrich 和 Wright（1988）发现分隔产孢组织和不孕基部间的横隔膜或发达，或不明显至缺失，变化较大，不是一个稳定的分类学鉴别特征。在研究中国的标本时我们也观察到类似现象，尤其是在担子果很小的种类中，此特征常不显著，不易观察，容易被忽略，需要多观察一些标本。该属成员的孢丝特征非常稳定。Bates 等（2009）和 Cortez 等（2013）分别描述了美国亚利桑那州和巴西的隔马勃属成员，给出了分种检索表、线条图和扫描电镜图。Larsson 和 Jeppson（2008）基于对 *V. pratense* (Pers.) Kreseil 和 *V. intermedium* A.H. Sm 的 ITS、LSU 序列的分析，建议把 *Vascellum* 作为 *Lycoperdon* 的亚属。Kirk 等（2001）在《菌物词典》第九版中主要采纳了 Ponce de Leon（1970）和 Kreisel（1993）的观点，第十版（Kirk et al.，2008）时采纳 Larsson 和 Jeppson（2008）的观点将 *Vascellum* 的成员归并至 *Lycoperdon*。本卷沿用传统的观点，将 *Vascellum* 作为独立的属处理。

  类似于明马勃属，隔马勃属的种类也较少。有关该属成员的记载多数为 *Vascellum pratense*，如蒙古（Dörfelt and Bumzaa，1986）、土耳其（Afyon et al.，2004）、德国（Kreisel，1973）、英国（Pegler et al.，1995）、塞尔维亚（Ivancevic and Beronja，2004）、墨西哥（Guzmán and Herrera，1969）、西班牙伊比利亚半岛（Calonge，1998）、澳大利亚（Grgurinovic，1997）。涉及其他种类的有：日本（Terashima et al.，2004）、尼泊尔（Kreisel，1976）、阿根廷（Wright and Wright，2005a，2005b）、委内瑞拉（Calonge and Verde，1996）、哥斯达黎加（Calonge and Mata，2006）、巴拿马（Alves，2013）。

  栓皮马勃科 Mycenastraceae Zeller 建立于 1948 年，传统上隶属于腹菌纲 Gasteromycetes 马勃目，包括 1 属，栓皮马勃属 *Mycenastrum* Desv.（1842），1 种，栓皮

马勃 *Mycenastrum corium* (Guers.) Desv.(1842)。

Zeller(1948)在建立该科时还包括了 *Calbovista*,但没有得到认可,多数学者仅承认该科包含 1 个属。原因在于 *Calbovista* 的孢丝呈鹿角状,有主干,分支多且其直径与主干的接近,仅略微变窄,表面没有刺(Morse,1935),而 Mycenastraceae 的模式属 *Mycenastrum* 的孢丝具明显的主干,分支少且短,分支末端锐且具有短而硬的刺,两者完全不同。Homrich 和 Wright(1973)认为栓皮马勃科包括栓皮马勃属 *Mycenastrum* 和 *Calbovista* 两个属,Perreau 和 Heim(1971)还描述了一个新属 *Glyptoderma*。Grgurinovic (1997)认为世界范围内该属仅一个种,即 *Mycenastrum corium*,并列出了该种很多的异名。Seidel(1995)、Coetzee 和 van Wyk(2013)对 *Calbovista* 及其成员进行了研究,该属现在的正确名称是 *Calbovista*(Morse)M.T. Seidel。Kirk 等(2001)在《菌物词典》第九版中将 *Calbovista* 作为 Lycoperdaceae 的成员,第十版(Kirk et al.,2008)则采取类似对Lycoperdaceae 下的其他属的处理方法,将其置于 Agaricaceae。

栓皮马勃 *Mycenastrum corium* 在世界范围内分布广泛。有关的记载有:中国(Liu,1984)、巴基斯坦(Ahmad,1952)、德国(Kreseil,1973)、英国(Pegler et al.,1995)、波兰(Kujawa et al.,2004)、西班牙(Calonge,1998)、欧洲(Pilát,1958;Calonge and Demoulin,1975)、南非(Bottomley,1948)、澳大利亚和新西兰(Cunningham,1944;Grgurinovic,1997)、匈牙利(Hollós,1904)、美国(Smith and Smith,1973;Bates et al.,2009)、墨西哥(Guzmán and Herrera,1969)、南美洲(Homrich and Wright,1973)。

20 世纪末,分子生物学技术逐渐应用到系统分类学研究中,马勃科真菌的研究也是如此。Hibbett 等(1997)收集伞菌目 10 科、多孔菌目 18 科、腹菌纲 7 科共 72 份标本,联合 nuc-ssu-rDNA(核糖体小亚基)和 mt-ssu-rDNA(线粒体小亚基)基因构建了系统发育树,发现马勃科真菌 *Lycoperdon* sp.、*Calvatia gigantea* 与伞菌科的环柄菇属 *Lepiota* 聚在一支,且支持值达到 94%,因此作者推测马勃科真菌起源于伞菌目 Agaricales 伞菌科真菌。Krüger 等(2001)收集了马勃目和伞菌科真菌的 21 份标本,分别根据 nuc-ssu-rDNA(核体小亚基)和 ITS 基因构建了系统发育树。根据核糖体小亚基基因数据构建的系统发育树表明,地星属与鬼笔目鬼笔科的两个种聚在一支(支持值分别为 97%、100%),而与马勃目的种分别形成独立的分支,支持地星属从马勃目中移出。马勃科真菌与伞菌目的 *Lepiota cristata* 聚在一起,作者建议把马勃科真菌从马勃目中移出放入伞菌目。Moncalvo 等(2002)和 Vellinga(2004)等也发现马勃科的标本与伞菌目真菌聚在一起。根据 ITS 基因构建的系统发育树,*Bovista* 属的几个种聚为独立的一支,据此作者认为 *Bovista* 属是单系的。Larsson 和 Jeppsson(2008)基于 ITS、LSU 数据,对欧洲马勃科真菌的相关属种结合形态学特征进行了分了系统学研究,进一步验证了 *Mycenastrum corium* 与马勃科真菌为姐妹类群,同时认为马勃科确实与 Agaricales 伞菌目相关属有很近的亲缘关系,但需要更多标本进行进一步研究,建议保留马勃科。另外,作者扩大了 *Lycoperdon* 属的概念,将其划分为:*Bovistella*、*Vascellum*、*Lycoperdon*、*Morganella*、*Utraria*、*Apioperdon* 6 个亚属。Bates 等(2009)结合形态学特征和 ITS 基因构建的系统发育树,对美国亚利桑那州的马勃科真菌进行了系统分类学研究。结果表明:栓皮马勃科的成员 *Mycenastrum corium* 与马勃科真菌分开,形成独立分支(支持值高达 98%),并且在形态学特征上与马勃科真菌有显著的不同。*Lycoperdon perlatum* 作为 *Lycoperdon*

属的模式种，在系统树上落在了 *Lycoperdon* 属核心分支的外面，这一点与 Larsson 和 Jeppsson(2008)的研究结果相似，但鉴于 Larsson 和 Jeppsson(2008)所建的系统树各主要分支的支持值较低，作者不同意他们将 *Lycoperdon* 划分 6 个亚属的观点，认为应该在马勃科成员的分类问题解决之后再进行分类系统的修订。

中国马勃科和栓皮马勃科分类研究简史

我国马勃科真菌的分类研究工作最早始于 19 世纪一些外国传教士来我国采集的马勃标本，如 E. Licent 和 Harry Smith 等(Eckblad, 1984; Ellingsen, 1982)，而由我国学者自行开展的研究则大约开始于 20 世纪初期。

早期中国真菌学家的研究工作主要集中在植物病原菌的鉴定和分类方面,而对马勃类真菌研究相对较少。期间涉及相关类群的研究者主要有戴芳澜、邓叔群、周宗璜等老一辈真菌学家,代表性研究主要有邓叔群 1935 年的《中国腹菌志略》,以及周宗璜 1936 年发表的小秃马勃 *Calvatiella lioui* 和中国小秃马勃 *Calvatiella sinensis* 两个新种等。这一期间的研究成果主要系统性地总结在戴芳澜的《中国已知真菌名录》(1936~1937 年)、邓叔群的《中国高等真菌志》(1939 年)和后来的《中国的真菌》(1963 年),以及戴芳澜的《中国真菌总汇》(1979 年)中。

进入 20 世纪 80 年代,基于中国政府对科学的重新重视,和其他学科一样,中国真菌的研究开启了一个新的时代。随着全国性生物资源大规模的科学普查,在中国科学院和地方院校等研究工作者的共同努力下,包括马勃类在内的我国真菌系统分类研究取得了一系列令人瞩目的成果,发表了一系列的学术论文和论著,许多新的物种记录和分布被发现和拓展,其中有关的代表性研究成果主要有山西大学刘波教授的 *The Gasteromycetes of China*(Liu, 1984)等。这个时期报道和记载马勃类真菌的著作较以往明显增多,如《西藏真菌》(王云章等, 1983)、《贵州大型真菌》(吴兴亮, 1989)、《粤北山区大型真菌志》(毕志树等, 1990)、《山西大型食用真菌》(刘波, 1991)、《湖南大型真菌志》(李建宗等, 1993)、《广东省大型真菌志》(毕志树等, 1994)、《西南地区大型经济真菌》(应建浙和臧穆, 1994)、《四川甘孜州菌类志》(戴贤才等, 1994)、《中国经济真菌》(卯晓岚, 1998)、《中国大型真菌原色图鉴》(黄年来, 1998)、《中国长白山蘑菇》(李玉和图力古尔, 2003)、《中国大型真菌》(卯晓岚, 2000)、《中国野生大型真菌彩色图鉴》(刘旭东, 2004)、《中国东北野生食药用菌图志》(戴玉成和图力古尔, 2007)、《贵州高等真菌原色图鉴》(邹方伦等, 2009)、《乌苏里江流域真菌》(李玉和 Azbukina, 2011)、《河南菌物志》(卷一)(林晓民等, 2011)、《黑石顶大型真菌图鉴》(李方, 2011)、《缙云山蕈菌原色图集》(张家辉和邓洪平, 2011)、《中国热带真菌》(吴兴亮等, 2011)、《新疆荒漠真菌识别手册》(徐彪等, 2011),以及《中国大型菌物资源图鉴》(李玉, 2015)等。

然而,相比其他的一些真菌类群,我国马勃科的专业研究明显缺乏,以往记载和报道的相对较少。刘波(1984)在其 *The Gasteromycetes of China* 中记载了我国马勃科真菌 7 属 38 种,卯晓岚(2000)的《中国大型真菌》收录了 7 属 29 种。其他零星记载则见于一些地方性报道,如内蒙古(巴图, 2005; 尚衍重等, 1998; 胥艳艳等, 2007)、吉林(李茹光，1991)、江苏(李兆兰等，1985)、江西(何宗智，1987，1991，1996)、山东(马启明等，1987)、广西(魏秉刚，1983)、西藏(卯晓岚，1985；卯晓岚等，1993；Zang and Yuan，1999；徐阿生，1995)、陕西(房敏峰，1992；李静丽，1994；田呈明，2000；卯晓岚和庄剑云，1997)、甘肃(王法渠，1987；蒲训等，1994)、青海(刁治民，1998)、新疆(赵振宇和卯晓岚，1984；徐彪等，2011)等。

自 2004 年开始，首都师范大学生命科学学院范黎及其研究团队对我国马勃类真菌的分类进行了系统的研究。以中国主要标本馆馆藏标本为基础，结合近年来在全国范围内的新样本采集，到目前为止，共发现我国有马勃科真菌 8 属 52 种，栓皮马勃科 1 属 1 种。

本卷为上述研究结果的总结。

专 论

马勃科 Lycoperdaceae Chevall.
[as 'Lycoperdoneae'], Fl. gén. env. Paris (Paris) 1: 348. 1826

担子果早期地上生或地下生，成熟时地上生，无柄或有假柄，近球形或梨形。包被2层，外包被易脱落，内包被薄，不规则开裂或通过顶端孔口开裂。不孕基部存在或缺乏。孢体成熟时粉状，由孢丝和担孢子组成。孢丝形态多样，拟孢丝存在或不存在。担孢子光滑或有纹饰。

模式属：马勃属 *Lycoperdon* Pers.

采用传统的真菌分类系统（《菌物词典》第八版）(Hawksworth et al., 1995)，本科隶属于腹菌纲 Gasteromycetes 马勃目 Lycoperdales。依据担子果内包被的开口方式、不孕基部的有无及孢丝的结构等将该科划分为 18 属，中国有 8 属。检索表如下。

中国马勃科 Lycoperdaceae 分属检索表

1. 担子果成熟时内包被不规则开裂内卷，口袋状，孢丝薄壁，常断裂为碎段 ·············· ··· 拟蛛马勃属 *Arachniopsis*
1. 非如上述 ··· 2
  2. 外包被厚，下半部永存并呈盘状，内包被顶端具孔口 ············ 脱盖马勃属 *Disciseda*
  2. 外包被薄，易脱落 ·· 3
3. 内包被不规则开裂，孢丝马勃型，易自隔处断裂 ················ 秃马勃属 *Calvatia*
3. 内包被顶端具孔口 ··· 4
  4. 孢丝大量，形态变化多样，有时具拟孢丝 ······································· 5
  4. 孢丝缺乏，或稀少且仅限于孢体的外缘，拟孢丝大量 ··························· 7
5. 担子果成熟时与着生基物分离，随风滚动，不孕基部多不发达或缺乏，孢丝形态多样 ······· ·· 灰球菌属 *Bovista*
5. 担子果成熟时不与着生基物分离，始终固定于着生部位，不孕基部显著 ············· 6
  6. 担子果不孕基部与孢体间无假隔膜，孢丝马勃型，有时具拟孢丝 ·········· 马勃属 *Lycoperdon*
  6. 担子果不孕基部与孢体间有假隔膜，孢丝灰球菌型，无拟孢丝 ·········· 静灰球菌属 *Bovistella*
7. 担子果木生，不孕基部与孢体间无假隔膜，孢丝缺乏，具拟孢丝 ·········· 明马勃属 *Morganella*
7. 担子果地生，不孕基部与孢体间有假隔膜，孢丝缺乏，或稀少且仅限于孢体的外缘，具拟孢丝 ··· ··· 隔马勃属 *Vascellum*

拟蛛马勃属 Arachniopsis Long

Mycologia 9: 272. 1917 non Spruce 1882 (Hepaticae).

担子果地上生，近球形，基部有索状假根，不孕基部缺乏。包被双层，外包被脆，易碎，或多或少逐渐脱落；内包被软骨质，顶端呈不规则裂片状开裂。孢体粉末状，由担孢子及孢丝组成，缺乏中柱和小包。孢丝稀少，薄壁，往往碎断。

生境：生于草原牧场的栅栏附近。

模式种：*Arachniopsis albicans* Long。

拟蛛马勃属区别于马勃科其他属的主要特征是担子果顶端不规则开裂成内卷的裂片，基部有索状假根，孢丝薄壁、稀少且碎断。拟蛛马勃属成员的担子果宏观形态特征与 *Arachnion* 相似，主要区别在于 *Arachnion* 的孢体内有小包(peridiole)，担孢子位于小包中，孢丝缺乏。

《菌物词典》(第十版)(Kirk et al.，2008)记载全世界有 1 种，我国报道 1 种。分布于中国、北美洲。

白拟蛛马勃　图 1　图版 I -1

Arachniopsis albicans Long, Mycologia 9(5): 272. 1917. Tai, Sylloge Fungorum Sinicorum p. 378, 1979.

担子果地上生，近球形至梨形，直径 0.7~1.4 cm，高 0.8~2.1 cm，基部有索状假根。包被双层，外包被松软，粉状至粉末状，白色，逐渐脱落；内包被软骨质，顶端薄，不规则裂片状开裂，裂片呈齿状，常内卷，使担子果呈口袋状，白色。孢体粉末状，浅瓦灰色、灰土褐色。孢丝薄壁，稀少，近无色，具隔并自隔处断成碎段，直径 2~2.5 μm。担孢子近球形或近椭圆形，3~5.5×3~4.5 μm，光学显微镜下近光滑，隐约具疣，扫描电镜下具疣，疣小且低，分散或少数相互连接，近无色，微带青绿色，内含一小油滴。

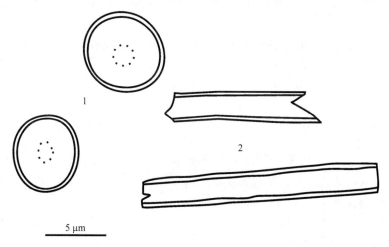

图 1　白拟蛛马勃 *Arachniopsis albicans* Long(HMAS 31115)

1. 担孢子；2. 孢丝

模式标本产于美国得克萨斯州登顿。

分布：中国(青海)；美国。

标本研究：青海察汗乌苏镇，地上生，海拔 3950 m，1959 年 7 月 8 日，马启明、邢俊昌(HMAS 31115)。

讨论：该种的成熟担子果因顶端不规则开裂成内卷的裂片而使担子果呈口袋状，与其他马勃科真菌区别较大,且孢丝较稀少,壁薄,易断成碎段状。该种与 *Arachnion album* Schwein.相似,但后者缺乏真正的孢丝,且孢体内有小包。

灰球菌属 Bovista Pers.

Neues Mag. Bot. 1: 86. 1794

Syn. Meth. Fung.: 136. 1801; emend. Kreisel, Feddes Repert. 69: 200. 1964.

Sackea Rostk., *in* Sturm, Deutschl. Flora III, 18: 33. 1839.
Globaria subgen. *Spissipellia* Quél., Champ. Jura 2: 366. 1873.

担子果球形、扁球形、陀螺形,0.5~4 cm,基部有菌丝索与基物相连,菌丝索呈假根状或否,成熟时与着生基物分离而随风滚动或否。包被两层,外包被薄,表面常光滑,有时有细微小刺,由拟薄壁组织细胞组成,幼时白色,后变成橘黄色、赭褐色,易碎,常分裂成片状,全部或部分脱落;内包被纸质或膜质,表面光滑,由丝状菌丝组成,黄褐色至近黑色,顶端有孔口,不规则、圆形或边缘流苏状。孢体粉末状,黄褐色。不孕基部致密、坚实或缺乏。孢丝灰球菌型,马勃型,或中间型,纹孔有或无。担孢子球形、卵圆形或椭圆形,光镜下表面光滑或具小疣,扫描电镜下有明显的疣突,具柄,短或较长。

生境:生于土壤、朽木或粪便上。

模式种:*Bovista plumbea* Pers.。

《菌物词典》第十版(Kirk et al.,2008)记载全世界约有 55 种,中国发现 15 种。广泛分布于全世界。

Eckblad(1984)和 Ellingsen(1982)在研究 Dr. Harry Smith 采自中国的标本时,发现其中 1922 年采自四川的 6 份标本是枝丝灰球菌 *B. bovistoides*,4 份标本是泥灰球菌 *B. limosa*,2 份标本及 1924 年采自山西的 1 份标本是铅色灰球菌 *B. plumbea*。这些标本目前保存在瑞典国立乌普萨拉大学的系统植物学研究所(Institute of Systematic Botany, University of Uppsala),有关地理分布的数据一并记入各种的相关描述中。

中国灰球菌属 Bovista 分种检索表

1. 孢丝异型,以中间型为主,亦可见马勃型和灰球菌型 ····························· 泥灰球菌 *B. limosa*
1. 孢丝马勃型或中间型 ··· 2
1. 孢丝灰球菌型,有独立、明显的主干 ··· 8
 2. 担孢子具长柄,长 2 μm 以上 ··· 3
 2. 担孢子具短柄,一般长 2 μm 以下 ··· 5
3. 担子果色浅,内包被柠檬黄色,孢丝中间型,担孢子的柄长 6~15.5 μm ······ 柠檬灰球菌 *B. citrina*
3. 担子果非如上述,孢丝马勃型 ··· 4
 4. 内包被棕褐色,孢丝无纹孔,担孢子的柄长 20~37.5 μm ················· 长柄灰球菌 *B. longissima*
 4. 内包被暗褐色,孢丝纹孔大量,担孢子的柄长 4.5~9.5 μm ················· 粗皮灰球菌 *B. aspera*
5. 孢丝马勃型,担孢子在光镜下具疣 ··· 黄色灰球菌 *B. dermoxantha*
5. 孢丝中间型,担孢子在光镜下光滑,有时稍粗糙 ····································· 6
 6. 不孕基部缺乏,孢丝具纹孔 ··· 坎氏灰球菌 *B. cunninghamii*

铜色灰球菌　图 2　图版 I-2

Bovista aenea Kreisel, Beih. Nova Hedwigia 25: 104. 1967.

    担子果陀螺形、扁球形，直径 2~3.6 cm，基部有菌丝索。包被两层，外包被薄，黄褐色、赭色，大部分易脱落；内包被膜质，光滑，深黄色，顶端具孔口。孢体粉末状，青黄色。不孕基部显著，致密，明显区别于产孢组织。孢丝中间型，二叉分支，明显有主干或有时无，多少有弹性，黄褐色，稀少分隔，直径 4~7.5 μm，具纹孔。担孢子球形，直径 3~5 μm，光镜下光滑，扫描电镜下具稀疏分布的小疣，黄色，有时内含一油滴，具一短柄，长 0.5~1 μm。

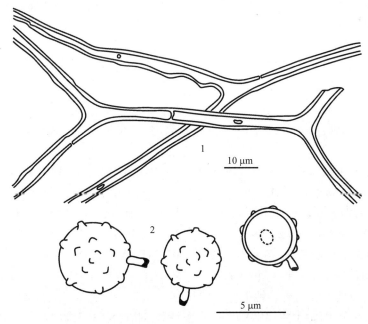

图 2　铜色灰球菌 *Bovista aenea* Kreisel（HMAS 23715）

1. 孢丝；2. 担孢子

模式标本产于肯尼亚涅里。

分布：中国（青海）；肯尼亚。

标本研究：青海海晏塔塔滩，草滩上，1958 年 7 月 6 日，马启明（HMAS 23715，原定名为 *Bovista plumbea* Pers.）。

讨论：该种的主要特征是包被多呈赭色、深黄色，具孔口，孢丝中间型，具纹孔。担孢子球形，光镜下近光滑，扫描电镜下具稀疏分布的小疣。该种担子果宏观特征与棕灰球菌 *Bovista brunnea* Berk. 相似，其区别主要在于后者不孕基部缺乏、孢丝灰球菌型、担孢子的柄长 7.5~13 μm。

粗皮灰球菌　图 3　图版 I -3

Bovista aspera Lév., Ann. Sci. Nat., Bot., sér. 3, 5: 162. 1846. Teng, Fungi of China, p. 672, 1963. Tai, Sylloge Fungorum Sinicorum p. 527, 1979. Liu, The Gasteromycetes of China, p. 88, 1984. Wu, The Macrofungi from Guihzou, China, p. 149, 1989. Bi, Zheng, Li & Wang, Macrofungus Flora of the Mountainous District of North Guangdong, p. 339, 1990. Li, Hu & Peng, Macrofungus Flora of Hunan, p. 357, 1993. Dai & Li, Fungi blog of Ganzi, Sichuan, p. 308, 1994. Mao, Economic fungi of China, p. 592, 1998. Mao, The Macrofungi in China, p. 544, 2000.

Lycoperdon asperum (Lév.) Speg., Anal. Mus. nac. Hist. nat. B Aires 12: 253. 1881.

Lycoperdon asperum (Lév.) De Toni, Syll. Fung. 7: 119. 1888.

Bovistella aspera (Lév.) Lloyd, Mycol. Writ. (7): 28. 1905.

担子果球形、扁球形或近梨形，直径 0.8~3 cm，基部具根状菌索。包被两层，外包被粗糙，具糠皮状疣突和短粗的、苍白色易脱落细刺，包被顶端的刺常 4~5 个聚合在一起；内包被纸质，光滑，暗褐色，顶端具孔口，平，撕裂状。孢体粉末状，浅橄榄绿色。不孕基部存在，不发达。孢丝马勃型，直至波曲，分支，末端长且渐狭，浅橄榄绿色，无隔，直径 4~9 μm，壁厚至 0.8~2.5 μm，纹孔大量。担孢子球形，直径 4~6 μm，光镜下几乎光滑至具细小的疣，扫描电镜下小疣明显，浅橄榄绿色，内含一油滴，具一长柄，长 4.5~9.5 μm。

模式标本产于智利。

分布：中国（浙江、江西、湖南、四川、云南）；澳大利亚，智利，新西兰，南非；欧洲。

标本研究：浙江杭州普陀山，1978 年 6 月 10 日，杜复［HMAS 85762，原定名为 *Lycoperdon asperum* (Lév.) De Toni.］。江西庐山，1936 年 7 月，邓祥坤 14541［HMAS 18586，原定名为 *L. asperum* (Lév.) Speg.］。湖南龙山成果，沙土地上，1958 年 10 月 5 日，梁林山 01007 （HMAS 27209，原定名为 *L. asperum*）。四川南坪九寨沟，海拔 2000 m，地上，1983 年 6 月 9 日，苏京军、文华安 073（HMAS 51225，原定名为 *L. asperum*）。云南昆明西山，地上生，1945 年 7 月 5 日，相望年、姜广正（HMAS 01938，原定名为 *L. asperum*）；昆明普吉村外，地上生，1942 年 7 月 1 日，裴维蕃（HMAS 01946 原定名为 *L. asperum*）；东川，地上生，1938 年 6 月，王清和（HMAS 01955，原定名为 *L. asperum*）；昆明筇竹寺，地上生，1938 年 7 月 31 日，周家炽（HMAS 01959，原定名为 *L. asperum*）；

广南县猫街,地上生,1959年6月25日,王庆之518(HMAS 27207,原定名为*L. asperum*)。

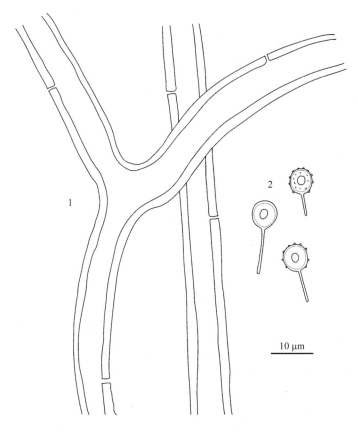

图3 粗皮灰球菌 *Bovista aspera* Lév.(HMAS 27209)
1. 孢丝;2. 担孢子

讨论:该种的主要特征是外包被粗糙,孢丝马勃型,纹孔大量,担孢子具长柄。与该种近似的种有柠檬灰球菌*Bovista citrina* (Berk. & Broome) Bottomley、*Bovista africana* Kreisel,但柠檬灰球菌的内包被呈柠檬黄色,孢丝中间型、无纹孔;*B. africana*的外包被表面具均一的颗粒状疣,担孢子较小,直径3.3~4.1 μm(Cunningham,1944)。

Lycoperdon asperum (Lév.) De Toni是*Lycoperdon asperum* (Lév.) Speg.的晚出同名,但在我国的文献中多使用了该名称。

枝丝灰球菌 图4
Bovista bovistoides (Cooke & Massee) S. Ahmad, Publ. Dep. Bot. Univ. Panjab Univ. 11: 15.
  1952. Tai, Sylloge Fungorum Sinicorum p. 390, 1979.
Mycenastrum bovistoides Cooke & Massee, Grevillea 16(no. 78): 26. 1887.
Bovistella bovistoides (Cooke & Massee) Lloyd, Mycol. Writ. 1(no. 9): 87. pl. 33. figs 1-5.
  1902.
Bovistella bovistoides Lloyd, Mycol. Not. 23: 284. 1906.

Bovistella hengningsii Lloyd, Mycol. Not. 2: 284. 1906. non *Lycoperdon hengningsii* Sacc. & P. Syd., *in* Sacc., Syll. Fung. 16: 242. 1902.

担子果球形，直径 2.5 cm，无柄，基部与植物碎片和细土颗粒混合埋生于土中。包被两层，外包被黏土色，脱落；内包被纸质，光滑，深褐色至黑色；顶端具孔口，圆形，直径 0.5 cm（HMAS 34583）。孢体粉末状，深褐色。不孕基部缺乏。孢丝灰球菌型，黄褐色，无隔或偶见少数几个隔膜，主干直径 18~25 μm，壁厚 2~3 μm，纹孔无。担孢子球形，直径 4.5~6 μm，光镜下孢子几乎光滑的至具细小的疣，扫描电镜下担孢子小疣明显，黄褐色，内含一油滴，具一长柄，长 10~18 μm。

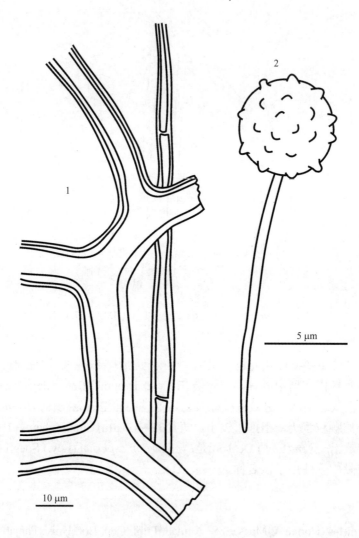

图 4 枝丝灰球菌 *Bovista bovistoides* (Cooke & Massee) S. Ahmad（HMAS 34583）

1. 孢丝；2. 担孢子

模式标本产于印度穆里。

分布：中国（云南）；巴基斯坦，尼泊尔，印度；欧洲（伊比利亚半岛）。

标本研究：云南丽江干海子，林中地上，海拔 3400 m，1964 年 12 月 17 日，陈庆涛(HMAS 34583，原定名为亨氏静灰球菌 *Bovistella hengningsii* Lloyd）。

讨论：该种的主要特征是外包被黏土色，孢丝灰球菌型，无隔，无纹孔。与该种近似的种有 *Bovista fulva* Massee、*Bovista paludosa* Lév.、*Bovista brunnea* Berk. 及铅色灰球菌 *Bovista plumbea* Pers.，但 *B. fulva* 的担子果基部具较长(2.5~3 cm)的菌丝索，孢丝具纹孔，主干细，直径 3~15 μm，担孢子光镜下近光滑的，小柄长 6~12 μm(Calonge，1992，1998)；*B. paludosa* 的担子果内包被红褐色，具致密的不孕基部，孢丝主干细，直径 6~14 μm，扫描电镜下担孢子表面的疣较稀疏；*B. brunnea* 的内包被棕褐色，孢丝具大量纹孔，主干细，直径＜12 μm；铅色灰球菌担子果成熟时常与着生基物脱离并随风滚动，内包被铅色，担孢子卵圆形、广椭圆形，4.5~6.5×4~6 μm，光镜下具小疣。

棕灰球菌　图 5　图版 I -4

Bovista brunnea Berk., *in* Hooker, Bot. Antarct. Voy. Erebus Terror 1839-1843, II, Fl. Nov.-Zeal.: 189. 1855.

Bovista magellanica Speg., Boln. Acad. nac. Cienc. Córdoba 11(1): 25. 1887.

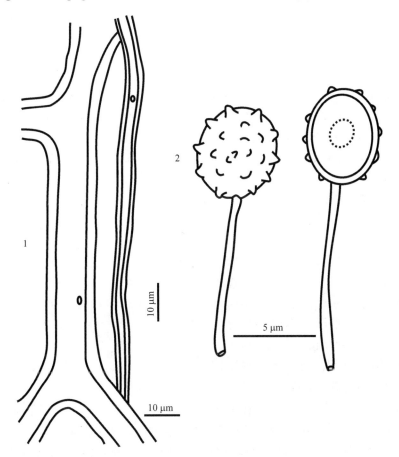

图 5　棕灰球菌 *Bovista brunnea* Berk.（HMAS 81667）

1. 孢丝；2. 担孢子

担子果近球形，1.5~2.3 cm，无柄，无菌丝索，基部与其着生土壤紧密相连。外包被光滑，黄褐色、棕褐色，薄，多角形碎裂，部分脱落；内包被纸质，黄色、黄褐色至橄榄褐色，顶端具孔口，不规则撕裂。孢体粉末状，黄褐色、橄榄褐色。不孕基部缺乏。孢丝灰球菌型，黄色，无隔，主干直径 10~15 μm，壁厚 2~4 μm，具纹孔。担孢子近球形，卵圆形，直径 4~5 μm，光镜下光滑，扫描电镜下可见稀疏的疣，黄色，内含一油滴，具一长柄，长 7.5~13 μm，多为 10 μm，末端平截。

模式标本产于新西兰。

分布：中国（吉林、青海）；澳大利亚，俄罗斯，新西兰，智利，阿根廷。

标本研究：吉林长白山自然保护区大洋岔，海拔 889 m，2002 年 8 月 31 日，姚一建等 246（HMAS 96063）。青海祁连山，1996 年 8 月 2 日，卯晓岚、文华安、孙述霄（HMAS 81667，原定名为 *Bovista plumbea* Pers.）。

讨论：棕灰球菌 *Bovista brunnea* 担子果的形态特征与细刺灰球菌 *Bovista echinella* Pat.非常相似，两者间的区别主要在于后者外包被表面的颗粒状或小刺状粉粒呈网纹状排列，棕灰球菌的外包被光滑；其次后者有较小的不孕基部、扫描电镜下担孢子表面密布细疣，棕灰球菌不孕基部缺乏、扫描电镜下担孢子表面可见稀疏的疣。

棕灰球菌的主要特征是担子果基部无菌丝索，外包被光滑、部分脱落，孢丝灰球菌型、具纹孔，担孢子近球形、光镜下光滑。

柠檬灰球菌　图 6　图版 I -5

Bovista citrina (Berk. & Broome) Bottomley, Bothalia 4(3): 580. 1948. Tai, Sylloge
Fungorum Sinicorum p. 390, 1979. Liu，The Gasteromycetes of China, p. 119, 1984.

Lycoperdon citrinum Berk & Broome, J. Linn. Soc. Bot. 14(no. 74): 80. 1873 [1875].

Bovistella citrina (Berk. & Broome) Lloyd, *in* Petch, Ann. Roy. Bot. Gard. Peradeniya 7:
71,1919.

Bovista yunnanensis Pat., Rev. Mycol. 12: 134. 1890.

Bovistella yunnanensis (Pat.) Lloyd, Myc. Notes 2: 285. 1906.

担子果近球形，直径 1.6~3.8 cm，基部具假根。包被两层，外包被易碎，具白色细刺或疣突，脱落；内包被纸质，薄，光滑，柠檬黄色至较浅的黄褐色，顶端具孔口。孢体粉末状，黄褐色。不孕基部缺乏。孢丝中间型，主干细，分支少，柔软，分支末端渐细，黄褐色，隔偶见，主干直径 6~10 μm，壁厚 2~3 μm，纹孔无。担孢子球形，直径 4~5 μm，光镜下光滑至具细小的刺，扫描电镜下担孢子表面的小疣明显，黄褐色，内含一油滴，具一长柄，长 6~15.5 μm。

模式标本产于斯里兰卡佩勒代尼耶。

分布：中国（江苏、云南）；斯里兰卡，南非。

标本研究：江苏苏州天平山，林中地上，1965 年 6 月 28 日，邓叔群 6853 [HMAS 34749，原定名为 *Lycoperdon asperum* (Lév.) De Toni]。云南昆明西山，1958 年 5 月 9 日，蒋伯宁等 88（HMAS 32521，原定名为 *L. asperum*）；昆明西山太华寺，地上，1945 年 8 月 5 日，相望年，姜广正 [HMAS 01737，原定名为云南大口静灰球 *Bovistella yunnanensis* (Pat.) Lloyd]。

讨论：该种的主要特征是内包被柠檬黄色，不孕基部缺乏，孢丝中间型、无纹孔，担孢子具细小的刺和长柄。标本 HMAS 01737 的担孢子较之 Bottomley（1948）在 *Gasteromycetes of South Africa* 中所描述的采自南非的标本稍大，其担孢子大小为 3~4 μm，其他形态特征吻合。

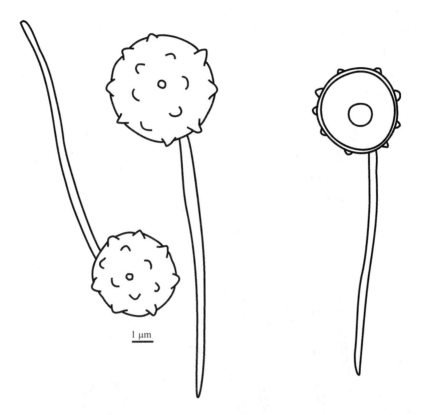

图 6　柠檬灰球菌 *Bovista citrina* (Berk. & Broome) Bottomley(HMAS 01737)
担孢子

　　该种易与坎氏灰球菌 *Bovista cunninghamii* Kreisel 和黄色灰球菌 *Bovista dermoxantha* (Vittad.) De Toni 混淆，区别在于坎氏灰球菌内包被黄褐色，孢丝具纹孔，担孢子光镜下表面光滑，不具长柄；黄色灰球菌孢丝马勃型，具纹孔，担孢子光镜下具疣突，扫描电镜下呈小圆柱状，不具长柄。

　　该种在世界范围内的分布较少。

彩色灰球菌　图 7　图版 I -6

Bovista colorata (Peck) Kreisel, Feddes Repert. 69: 201. 1964. Tai, Sylloge Fungorum
　　Sinicorum p. 527, 1979.

Lycoperdon coloratum Peck, Ann. Rep. N.Y. St. Mus. nat. Hist. 29: 46. 1878 [1876].

　　担子果近球形，直径 0.8~3 cm，基部具根状菌索或大量白色纤维状菌索。包被两层，外包被金黄色，略粗糙，具细小的疣，脱落；内包被纸质，光滑，金褐色至黄褐色，顶端具孔口，平，撕裂状。孢体粉末状，黄褐色至暗褐色。不孕基部存在，不发达。孢丝中间型，多少二叉分支，主干不明显，暗褐色，具隔，直径 4.5~12 μm，壁厚 0.8~2 μm，纹孔无。担孢子球形，直径 4~5 μm，光镜下光滑至多少粗糙，扫描电镜具稀疏的、小而低的疣，淡黄色，内含一油滴，具一短柄。

模式标本产地不详。

分布：中国(云南)；美国，委内瑞拉，厄瓜多尔。

标本研究：云南昆明西山，1938 年 7 月 15 日，周家炽(HMAS 01408，原定名为 *Lycoperdon coloratum* Peck)。

讨论：该种以包被金黄色至金褐色、孢丝中间型无纹孔及球形、光滑的担孢子区别于本属其他已知种。

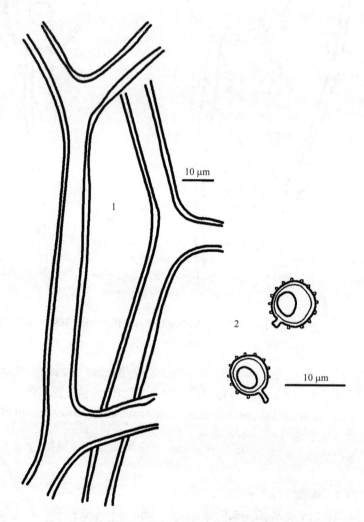

图 7　彩色灰球菌 *Bovista colorata* (Peck) Kreisel (HMAS 01408)
1. 孢丝；2. 担孢子

坎氏灰球菌　图 8　图版 II-8

Bovista cunninghamii Kreisel, Beih. Nova Hedwigia 25: 225. 1967.

担子果近球形，直径 3 cm，无柄，基部有菌丝索，并存留一由菌丝和土壤等聚集形成的锥形垫。包被两层，外包被易碎，明显具绒毛或颗粒状疣突，白色、浅黄色，成熟时脱落,部分残留;内包被膜质,黄褐色,顶端具不规则孔口。孢体黄褐色,粉末状。不孕基部缺乏。孢丝中间型,二叉状分支,主干不明显,分支末端渐细,黄褐色,部分有分隔,直径 3~5 μm,具纹孔,圆形。担孢子球形,光镜下光滑,扫描电镜下可见低且稀疏的疣突,直径 4~5 μm,黄褐色,内含一油滴,具一短柄,长 0.5~1.5 μm。

模式标本产于澳大利亚维多利亚。

分布:中国(青海、新疆);澳大利亚,西班牙。

标本研究:青海刚察,草原地上,海拔 3300 m,1996 年 8 月 8 日,卯晓岚、文华安、孙述霄 9130 [HMAS 81665,原定名为 *Lycoperdon asperum* (Lév.) De Toni]。新疆伊犁巩留县库尔德宁自然保护区,草原上,2006 年 7 月 31 日,范黎、赵会珍(BJTC 06073107)。

讨论:该种的主要特征是担子果无柄,不孕基部缺乏,孢丝中间型,担孢子球形,光镜下光滑,扫描电镜下可见低且稀疏的疣突。

坎氏灰球菌 B. *cunninghamii* 与黄色灰球菌 *Bovista dermoxantha* 的担子果宏观形态特征相似,其区别在于黄色灰球菌担子果基部菌丝索假根状、孢丝马勃型,担孢子光镜下具有清晰的疣突,扫描电镜下呈小圆柱状。

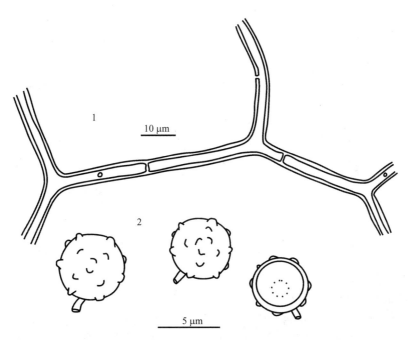

图 8 坎氏灰球菌 *Bovista cunninghamii* Kreisel(BJTC 06073107)

1. 孢丝;2. 担孢子

黄色灰球菌 图 9 图版 II-9

Bovista dermoxantha (Vittad.) De Toni, *in* Berlese, De Toni & Fischer, Syll. fung. (Abellini) 7: 100. 1888. Tai, Sylloge Fungorum Sinicorum p. 389, 1979. Dai & Li, Fungi blog of Ganzi, Sichuan, p. 309, 1994. Wu, Dai, Li, Yang & Song, Fungi of Tropical China, p. 60, 2011.

Lycoperdon dermoxanthum Vittad., Monogr. Lycoperd.: 178. 1843.

Bovista pusilla (Bastch) Pers., Syn. Meth. Fung. (Göttingen) 1: 138. 1801.

Lycoperdon ericetorum Pers., J. Bot.(Desvaux) 2: 17. 1809.

担子果球形、梨形，直径 1.9~2.4 cm，基部菌丝索假根状。包被两层，外包被表面由颗粒状小疣覆盖，渐变光滑，浅黄褐色；内包被纸质，光滑，浅黄色至浅黄褐色，顶端具孔口，小，圆形。孢体粉末状，黄绿色、浅黄橄榄色。不孕基部缺乏。孢丝马勃型，黄色，具纹孔，小，圆形，直径 0.2~0.5 μm。担孢子球形，直径 3.5~5 μm，光镜下表面有清晰的疣突，扫描电镜下呈小圆柱状，内含一油滴，具一短柄，长 0.5~1 μm。

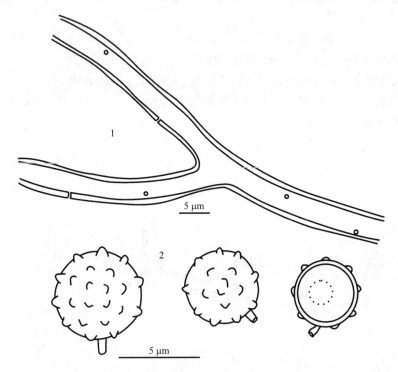

图 9 黄色灰球菌 *Bovista dermoxantha* (Vittad.) De Toni（HMAS 69827）

1. 孢丝；2.担孢子

模式标本产于意大利北部。

分布：中国(河北、内蒙古、广西)；英国，荷兰，比利时，法国，意大利，德国，捷克，斯洛伐克，乌克兰，波兰，美国，波多黎各，圭亚那，哥伦比亚，巴西，阿根廷。

标本研究:河北小五台山,1935 年 8 月,邓祥坤(HMAS 17454,原定名为 *Lycoperdon cepiforme* Bull.是不合格发表的名称)。内蒙古，1994 年 8 月，卯晓岚[HMAS 69827，原定名为 *Vascellum pratense* (Pers.) Kreisel]。广西龙津县上龙乡，牧场，海拔 2000 m，1958 年 9 月 4 日，梁子超[HMAS 28244，原定名为 *Vascellum pratense* (Pers. em. Quélet) Kreisel]。青海祁连，1958 年 7 月 30 日，马启明 392(HMAS 32526,原定名为 *Lycoperdon umbrinum* Pers.)。

讨论：该种与 *Bovista aestivalis* (Bonord.) Demoulin 有时难以区分，后者以担子果

无假根、具不孕基部及中间型的孢丝区别于黄色灰球菌 *Bovista dermoxantha*。与草原隔马勃 *Vascellum pratense* (Pers.) Kreisel 的区别在于后者的孢丝没有纹孔，产孢组织中有大量透明、具隔膜的拟孢丝。

该种的主要特征是外包被和内包被均为浅黄褐色，孢体黄绿色，孢丝马勃型、具纹孔，担孢子光镜下具明显的疣。

细刺灰球菌 图 10 图版 II-7

Bovista echinella Pat., *in* Patouillard & Lagerheim, Bull. Soc. mycol. Fr. 7: 165. 1891. Teng, Fungi of China, p. 678, 1963. Tai, Sylloge Fungorum Sinicorum p. 390, 1979. Liu, The Gasteromycetes of China, p. 118, 1984.

Bovistella echinella (Pat.) Lloyd, Mycol. Writ. 2(Letter 22): 262. 1906.

Lycoperdon echinella (Pat.) S. Ahmad, J. Indian bot. Soc. 20: 138. 1941. non *Lycoperdon echinella* (Berk. & Broome) Petch, Ann. Roy. Bot. Gard. Peradeniya 7: 1919.

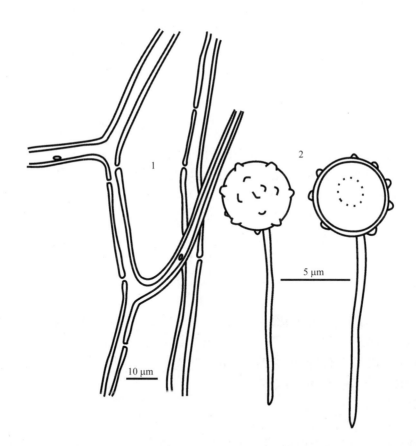

图 10 细刺灰球菌 *Bovista echinella* Pat.（HMAS 33520）
1. 孢丝；2. 担孢子

担子果小，近球形，直径 0.5~1.8 cm，基部无菌丝索。外包被表面具颗粒状或小刺状粉粒，网纹状，初白色，渐变浅茶褐色至茶褐色，不易脱落；内包被纸质，近光滑，深褐色，顶端具孔口，边缘锯齿状或撕裂。孢体粉末状，黄褐色。不孕基部小，常难以与产孢组织区分。孢丝灰球菌型，缠结，幼时孢丝分支长，互相缠绕，与内包被紧密相连，成熟后与之分离，厚壁，无隔，主干直径 7.5~12 μm，具大量纹孔。担孢子球形，直径 4.2~5.2 μm，光镜下光滑，扫描电镜下可见密布的细疣，青黄色，内含一油滴，具一长柄，长 7.5~15 μm，多为 10 μm，末端向下尖削。

模式标本产于厄瓜多尔。

分布：中国（山西、安徽、陕西、青海）；厄瓜多尔。

标本研究：山西，地上生，1916 年 9 月 15 日，E. Licent（HMAS 29029）。安徽黄山，阔叶林中地上，1957 年 8 月 30 日，邓叔群 5233（HMAS 20192，原定名为 *Lycoperdon pedicellatum* Peck）。陕西太白山文公庙，草地上，海拔 3380 m，1963 年 7 月 29 日，马启明［HMAS 33520，原定名为 *Bovistella echinella* (Pat.) Lloyd］；平利，1994 年 8 月 20 日，文华安［HMAS 66137，原定名 *Calvatia utriformis* (Bull.) Jaap］。青海民和县，腐木上生，马启明、邢俊名，1959 年 9 月 22 日（HMAS 28011）。

讨论：细刺灰球菌 *Bovista echinella* 以不易脱落、表面网纹状的外包被，以及具纹孔的灰球菌型孢丝和光镜下光滑的担孢子为主要特征。

该种与泥灰球菌 *Bovista limosa* 非常相似，其区别在于泥灰球菌的担子果基部显著存留一由菌丝和土壤形成的锥形或不规则形状的垫，孢丝异型，以中间型为主，孢丝没有纹孔，担孢子表面的细疣较多。

白斑灰球菌　图 11　图版 II-10

Bovista leucoderma Kreisel, Feddes Repert. 69: 203. 1964. eng, Fungi of China, p. 677, 1963. Tai, Sylloge Fungorum Sinicorum p. 389, 1979. Liu, The Gasteromycetes of China, p. 117, 1984.

Bovistella dealbata Lloyd, Mycol. Writ. 1(9): 86. 1902.

Bovista dealbata (Lloyd) Sacc. & D. Sacc., Syll. Fung. (Abellini) 17: 234.1905. non *Bovista dealbata* Berk. ex Massee, J. Bot., Lond. 26: 131. 1888.

担子果近球形，直径 1.6~2.6 cm，基部菌丝索与土壤基物紧密相连，并显著在基部存留一由菌丝和土壤形成的圆形垫。外包被薄，光滑，白色，呈碎片状脱落，有时可见其部分残留于内包被上；内包被纸质，黄褐色，顶端具孔口。孢体粉末状，栗褐色。不孕基部缺乏。孢丝灰球菌型，厚壁，橄榄褐色至栗褐色，无隔，直径 7~10 μm，具纹孔。担孢子球形，直径 3.8~5.5 μm，光镜下光滑，扫描电镜下明显具疣，栗褐色，内含一油滴，具一长柄，长 7~10 μm，小柄向下渐细。

模式标本产于美国。

分布：中国（河北）；美国，墨西哥。

标本研究：河北小五台山，地上，1951 年 5 月 20 日，赵继鼎（HMAS 18592，18593，原定名为白皮静灰球菌 *Bovistella dealbata* Lloyd）。

讨论：该种以白色的外包被、无不孕基部、具纹孔的灰球菌型孢丝及光镜下光滑的担孢子为其主要特征并区别于本属其他已知种。该种在世界范围内的分布较少。

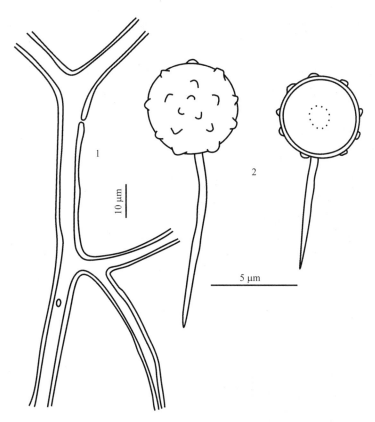

图 11　白斑灰球菌 *Bovista leucoderma* Kreisel（HMAS 18593）

1. 孢丝；2. 担孢子

泥灰球菌　图 12　图版 II-11

Bovista limosa Rostr., Meddr. Grønland, Biosc. 18: 52. 1894.

Lycoperdon limosum (Rostr.) Rauschert, Z. Pilzk. 25(2): 32. 1959.

担子果近球形，直径 0.5~1.1 cm，无柄，基部常与土壤基物紧密相连，并显著在基部存留一由菌丝和土壤形成的锥形或不规则形状的垫。外包被表面被有颗粒状小疣，棕黄色至深棕色；内包被纸质，与外包被同色或颜色稍浅，顶端具孔口。孢体粉末状，红棕色。不孕基部缺乏。孢丝中间型，亦可见少量马勃型和灰球菌型孢丝，部分孢丝具隔，黄褐色，直径 4~7.5 μm，无纹孔。担孢子球形，直径 4~5 μm，光镜下近光滑至明显具疣，扫描电镜下具稀疏分布的小疣，黄褐色，内含一油滴，具一长柄，长 7~12 μm，柄向下渐细。

模式标本产于丹麦格陵兰岛。

分布：中国（河北、四川）；丹麦（格陵兰岛），英国，奥地利，比利时，挪威，瑞典，西班牙，美国，墨西哥。

标本研究：河北百花山黄安坨北沟，1956 年 9 月 23 日，王云章 87〔HMAS 27210，原定名为 *Lycoperdon asperum* (Lév.) De Toni〕；百花山大涧沟，地上，1956 年 9 月 26 日，王云章 206（HMAS 27208，原定名为 *L. asperum*）。

讨论：泥灰球菌 *Bovista limosa* 与黄色灰球菌 *Bovista dermoxantha* 的担子果形态相

似，其区别在于黄色灰球菌的孢丝为马勃型，具圆形纹孔，光镜下担孢子具有清晰的疣突而非近光滑。

该种的主要特征是担子果与其着生基物紧密相连，孢丝异型（中间型、马勃型和灰球菌型孢丝共存），无纹孔，担孢子光镜下近光滑，具一长柄。

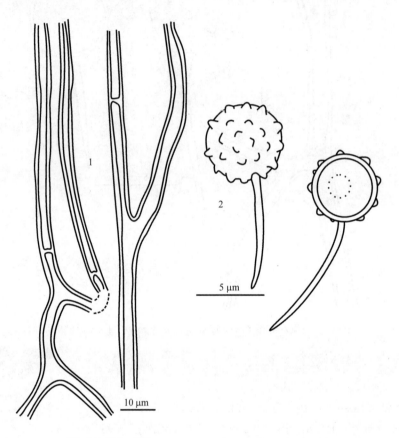

图 12　泥灰球菌 *Bovista limosa* Rostr.（HMAS 27208）

1. 孢丝；2. 担孢子

长柄灰球菌　图 13　图版 II-12

Bovista longissima Kreisel, Beih. Nova Hedwigia 25: 54. 1967. Teng, Fungi of China, p. 677, 1963. Tai, Sylloge Fungorum Sinicorum p. 390, 1979. Liu, The Gasteromycetes of China, p. 117, 1984. Li, Hu & Peng, Macrofungus Flora of Hunan, p. 356, 1993.

Bovistella flaccida Lloyd, Mycol. Writ. 7(Letter 72): 1277. 1924.

Bovistella longipedicellata Teng, Contrib. Biol. Lab. Sci. Soc. China, Bot. Ser. 8: 69. 1932.

担子果球形，直径 1.9 cm，基部有白色菌丝索，长达 4~5 cm。外包被表面由颗粒状小疣覆盖，渐变光滑，脱落，初期白色，后变为黄色、黄褐色；内包被膜质，棕褐色，顶端具孔口。孢体粉末状，早期青黄色，后变栗褐色。不孕基部一般缺乏，若有，则很小，不清晰。

孢丝马勃型，黄褐色，直径 7.5~10 μm，具隔，少，无纹孔。担孢子球形、卵圆形，直径 3.75~5.5 μm，光镜下表面几乎光滑至具少数细小的疣，黄褐色，内含一油滴，具一长柄，长 20~37.5 μm，偶见其长度可至 47.5 μm，末端平截。

模式标本产于日本。

分布：中国（湖南）；日本。

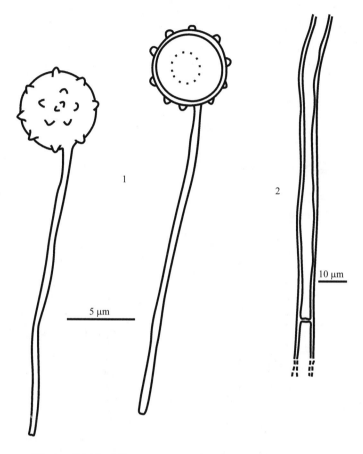

图 13　长柄灰球菌 *Bovista longissima* Kreisel（HMAS 32301）

1. 担孢子；2. 孢丝

标本研究：湖南龙山，陈永清，1958 年 9 月 2 日（HMAS 32301，原定名为 *Bovistella longipedicellata* Teng）。

讨论：该种的主要特征是孢丝马勃型，担孢子的柄较长。Kreisel（1967）记载该种的担孢子柄长 22~38 μm。标本 HMAS 32301 的担孢子柄长一般为 20~37.5 μm，偶见长至 47.5 μm。*Bovista dominicensis* (Massee) Kreisel 和 *Bovista trachyspora* (Lloyd) Kreisel 孢丝特征与该种相似，担孢子也具有较长的柄，长可至 25 μm，但两者的担孢子光镜下具明显的刺状疣（Kreisel，1967）。

黑灰球菌　图 14　图版Ⅲ-13

Bovista nigrescens Pers., Neues Mag. Bot. 1: 86. 1794.

Bovista nigrescans Pers., *in* Roemer, Neues Mag. Bot. 1: 86. 1794.

Sackea nigrescens (Pers.) Rostk., Deutschl. Fl. 3 Abt. (Pilze Deutschl.) 5(18): 33. 1839.

Lycoperdon nigrescens (Pers.) Vittad., Monogr. Lycoperd.: 176. 1843.

Globaria nigrescens (Pers.) Quél., Mém. Soc. Émul. Montbéliard, Sér. 2 5: 372. 1873.

担子果球形，直径 1.4 cm，成熟后不与其着生基物分离。外包被膜质，快速分裂成碎片并脱落，浅黄白色；内包被膜质，暗红褐色至近黑红色，顶端具孔口，不规则。孢体粉末状，黄褐色至深棕色。不孕基部缺乏。孢丝灰球菌型，主干直径 10~15 μm，无纹孔。担孢子球形，光镜下表面具明显的疣，扫描电镜下显著，少数疣突相互联合，直径 5~6 μm，黄褐色，有时内含一油滴，具一长柄，长 5~10 μm，末端平截。

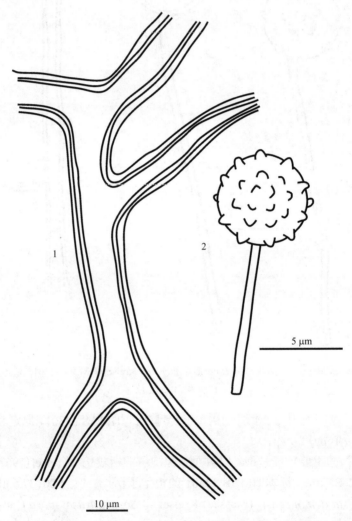

图 14 黑灰球菌 *Bovista nigrescens* Pers.（BJTC 06080619）

1. 孢丝；2. 担孢子

模式标本产于德国。

分布：中国(四川、新疆)；瑞典，瑞士，挪威，意大利，荷兰，西班牙。

标本研究:四川米亚罗,1958 年 7 月 31 日,6173[HMAS 27211,原定名为 *Lycoperdon asperum* (Lév.) De Toni]。新疆阿勒泰布尔津禾木，牧场，海拔 1187 m，2006 年 8 月 6

日，范黎（BJTC 06080619）。

讨论：该种生长在开放的地带和森林中，一般发生在春季和秋天，在欧洲和亚洲分布较为广泛。黑灰球菌 Bovista nigrescens 因其暗红褐色至近黑红色的内包被而容易与其他种区分。文献记载该种的担子果较大，直径一般为 3~8 cm，此特征也是黑色灰球菌区别于本属其他种的特征之一（Kreisel, 1967；Calonge, 1998；Calonge et al., 2004），标本 BJTC 06080619 的担子果较小，直径仅有 1.4 cm，但其他特征与黑灰球菌吻合，故仍定为该种。

该种与铅色灰球菌 Bovista plumbea 形态上相似，但后者的担子果成熟时常与基物分离，内包被铅色，担孢子卵圆形、椭圆形，小柄末端渐细。

该种的主要特征是内包被暗红褐色至近黑红色，不孕基部缺乏，孢丝灰球菌型，担孢子光镜下具明显的疣，具一长柄。

铅色灰球菌　图 15　图版III-14

Bovista plumbea Pers., Ann. Bot. (Usteri) 15: 4. 1795. Teng, Fungi of China, p. 676, 1963. Tai, Sylloge Fungorum Sinicorum p. 389, 1979. Liu, The Gasteromycetes of China, p. 120, 1984. Tian, Wang, Yang, Dai, He & Zhang, The distributional Features of Macrofungi in the Taibaishan Mts. 15(3): 65, 2000.

Lycoperdon plumbeum Vittad., Monogr. Lycoperd.: 174. 1843.

Sackea plumbea Rostk., *in* Sturm, Deutschl. Fl., 3 Abt. (Pilze Deutschl.) 5(18): 35. 1839.

Globaria plumbea (Pers.) Quél., Mém. Soc. Émul. Montbéliard, Sér. 2 5: 371. 1873.

Lycoperdon arrhizon Batsch, Elench. Fung. (Halle): 239. 1786.

Lycoperdon ardesiacum Bull., Herb. Fr. (Paris) 4: tab. 192. 1784 [1783-84].

Bovista tunicata Fr., Syst. Mycol. (Lundae) 3(1): 25. 1829.

Bovista nuciformis Wallr., Fl. Crypt. Germ. (Norimbergae) 2: 392. 1833.

Bovista ovalispora Cooke & Massee, Grevillea 16(no. 78): 46. 1887.

Bovista brevicauda Velen., České Houby 4-5: 832. 1922.

Bovista pallida Velen., České Houby 4-5: 833. 1922.

Bovista purpurea Lloyd, Myc. Not. 6: 1201. 1923.

Bovista nigra Velen., Novitates Mycologicae Novissimae: 92. 1947.

Bovista sulphurea Velen., Novitates Mycologicae Novissimae: 92. 1947.

Bovista macrospora Perdeck, Blumea 6: 512. 1950.

担了果球形，1~4 cm，无柄，成熟时与着生基物脱离并随风滚动。包被两层，外包被膜质，易碎裂，初白色，后变为浅黄色；内包被纸质，光滑，暗，灰色至灰褐色(即铅色)，顶端具孔口，小，圆形，直径 2~4 mm，有时内包被外卷。孢体粉末状，黄褐色。不孕基部缺乏。孢丝灰球菌型，主干直径 10~24 μm，无纹孔。担孢子卵圆形、广椭圆形，4.5~6.5×4~6 μm，光镜下具小疣，扫描电镜下疣突明显，黄褐色，有时内含一油滴，具长柄，长 7~15 μm，末端向下渐细。

模式标本产于德国。

分布：中国(山西、四川、云南、西藏、甘肃、青海、新疆)；日本，以色列，伊朗，土耳其，卢旺达，爱尔兰，挪威，西班牙，西伯利亚。

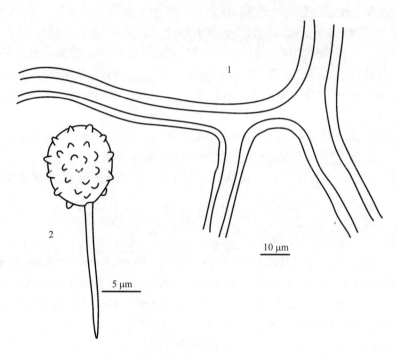

图 15　铅色灰球菌 *Bovista plumbea* Pers.（HMAS 58789）
1. 孢丝；2. 担孢子

标本研究：山西沁水，1985 年 8 月 23 日，赵春贵 1117（HMAS 85518，原定名为 *Lycoperdon hongkongense* Berk & M.A. Curtis.）。四川九寨沟，卯晓岚，1992 年 9 月（HMAS 61626）；成都药品检验所（HMAS 44967）。云南昆明西山，周家炽，1941 年 8 月 27 日（HMAS 26933）。西藏，地上，庄剑云，1990（HMAS 58789）。甘肃岷县大拉山，堤上，邓叔群，1945 年 10 月 17 日（HMAS 07370）。青海，草地上，郝景盛，1930 年 9 月 13 日（HMAS 17480）；祁连山墨勒区，草地上，马启明，1958 年 8 月 11 日（HMAS 23714）；祁连牛心山，草地上，马启明，1958 年 8 月 3 日（HMAS 26931）；皇城，草地上，马启明，1958 年 8 月（HMAS 24117）。新疆昭苏县阿克苏，牧草地上，刘恒英、刘荣，1959 年 5 月 29 日（HMAS 26934）；昭苏县一区二乡，牧草地上，刘恒英、刘荣，1959 年 5 月 28 日（HMAS 26074, 26518）；乌鲁木齐，曹晋忠，1985 年 8 月 10 日（HMAS 86132）；奇台南山林场，李榆梅，1985 年 8 月 5 日（HMAS 85980）；奇台，何振荣，1985 年 8 月 6 日（HMAS 85945）；新疆，王菊岩，1995 年 8 月 （HMAS 69854, 69983）；新疆，王菊岩，1994 年 8 月（HMAS 66234）；伊犁巩留县库尔德宁自然保护区，草场上，海拔 1700 m，范黎、赵会珍、崔晋龙，2006 年 7 月 31 日（BJTC 06073101，BJTC 06073102，BJTC 06073103，BJTC 06073104， BJTC 06073105，BJTC 06073106，BJTC 06073108，BJTC 06073109， BJTC 06073110，BJTC 06073111，BJTC 06073112，BJTC 06073113，BJTC 06073114，BJTC 06073115，BJTC 06073116，BJTC 06073117， BJTC 06073118，BJTC 06073119，BJTC 06073120，BJTC 06073121， BJTC 06073122，BJTC 06073123，BJTC 06073124，BJTC 06073125， BJTC 06073126， BJTC 06073130， BJTC 06073131，

BJTC 06073132）；伊犁巩留库尔德宁自然保护区，云杉林下，海拔 1700 m，范黎、赵会珍、崔晋龙，2006 年 8 月 1 日（BJTC 2006080119，BJTC 2006080112）；阿勒泰布尔津禾木，草原上，海拔 1187 m，范黎、赵会珍、崔晋龙，2006 年 8 月 6 日（BJTC 06080601，BJTC 06080602，BJTC 06080603，BJTC 06080604，BJTC 06080605，BJTC 06080606，BJTC 06080608，BJTC 06080609，BJTC 06080610，BJTC 06080612，BJTC 06080614，BJTC 06080615，BJTC 06080616）；阿勒泰布尔津禾木，草原上，海拔 1187 m，范黎、赵会珍、崔晋龙，2006 年 8 月 7 日（BJTC 06080701，BJTC 06080705，BJTC 06080706）；阿勒泰布尔津禾木，草原上，海拔 1187 m，范黎、赵会珍、崔晋龙，2006 年 8 月 8 日（BJTC 06080801，BJTC 06080804，BJTC 06080805，BJTC 06080806，BJTC 06080827）；阿勒泰布尔津禾木，河滩草地上，海拔 1200 m，范黎，2006 年 8 月 7 日（BJTC 06080704）（赵会珍定为 *Bovista tomentosa*）；新疆，1994 年 8 月，王菊艳 428（HMAS 69884）。

讨论：铅色灰球菌 *Bovista plumbea* 担子果的宏观特征与枝丝灰球菌 *Bovista bovistoides* (Cooke & Massee) S. Ahmad 相似，但后者的担子果基部常埋生于土壤中，且担孢子呈球形。铅色灰球菌的担子果易与脱盖马勃属 *Disciseda* 的草场脱盖马勃 *Disciseda bovista* (Klotzsch) Henn. 和白脱盖马勃 *Disciseda candida* (Schwein.) Lloyd 混淆，但脱盖马勃属成员的孢丝为马勃型，担孢子球形，具小疣，无长柄（<1 μm），外包被呈帽状永存于内包被的顶端。

该种的主要特征是担子果成熟后随风滚动，内包被铅色，孢丝灰球菌型，担孢子椭圆形，具小疣，具长柄。

毛灰球菌 图 16 图版III-15

Bovista tomentosa (Vittad.) De Toni, *in* Berlese, De Toni & Fischer, Syll. fung. (Abellini) 7: 97. 1888.

Lycoperdon tomentosum Vittad. Monogr. Lycoperd.: 179. 1843; non *Lycoperdon tomentosum* Welw. & Curr., Trans. Linn. Soc. London 26(1): 289. 1868 [1870].

担子果扁球形，直径 2.8~3.5 cm，无柄，基部埋生于土壤中，常形成一由菌丝和土壤聚集的垫。包被两层，外包被初期白色，后变为黄色，易碎，呈片状脱落；内包被纸质，薄，光滑，暗红褐色至黑色，顶端具孔口。孢体粉末状，暗褐色。孢丝灰球菌型，主干直径 16~18 μm，厚壁，黄褐色，具纹孔，狭长椭圆形。担孢子卵圆形至椭圆形，4.5~6×4~5 μm，光镜下近光滑，扫描电镜下具细小的疣，黄褐色，内含一油滴，具一长柄，长 5~13 μm。

模式标本产地不详。

分布：中国（新疆）；意大利，加拿大，奥地利，比利时，瑞士，德国，捷克，斯洛伐克，挪威，西班牙，葡萄牙。

标本研究：新疆阿勒泰布尔津禾木，河滩草地上，海拔 1200 m，范黎，2006 年 8 月 7 日（BJTC 06080105）。

讨论：该种易与枝丝灰球菌 *Bovista bovistoides* 和铅色灰球菌 *Bovista plumbea* 混淆，但枝丝灰球菌的孢丝无纹孔，担孢子球形；铅色灰球菌担子果内包被铅色，孢丝无纹孔，光镜下可见担孢子明显具小疣。

该种的主要特征是担子果基部常形成一由菌丝和土壤聚集的垫，内包被暗红褐色至黑色，孢丝灰球菌型，具狭长椭圆形的纹孔，担孢子卵圆形至椭圆形，光镜下近光滑，具一长柄。

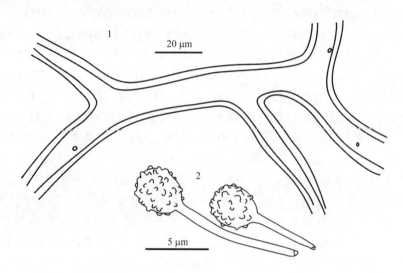

图16　毛灰球菌 *Bovista tomentosa* (Vittad.) De Toni（BJTC 06080105）
1. 孢丝；2. 担孢子

静灰球菌属 **Bovistella** Morgan

J. Cincinnati Soc. Nat. Hist. 14: 141. 1892.

Calvatiella C. H. Chow, Bull. Fan Mem. Inst. Biol., Bot. 7: 91. 1936.

　　担子果近球形、梨形、陀螺形，直径6~12 cm，多少具假柄或假根。包被两层，外包被覆有密集的、丛毛状的小疣或小刺，脱落或永存；内包被薄，膜质，光滑，浅褐色或黄色，顶端不规则开裂。孢体粉末状。缺乏中柱。有不孕基部，海绵状，不孕基部与孢体间有假隔膜将两者隔开。孢丝灰球菌型，具明显的主干，二叉状分支，分支末端渐细。担孢子球形、卵圆形，光镜下光滑或具细疣，扫描电镜下明显，具小柄。

　　生境：生于沙土地或干燥的草原牧场。

　　模式种：*Bovistella ohiense* (Ellis & Morgan) Morgan。

　　Kreisel 和 Calonge（1993）在研究了世界范围内此前隶属于静灰球菌属 *Bovistella* 的大多数模式标本后，承认了4种，发表了1个新种，给出了本属5个种的检索表，对应从本属移出的其他种类列出了其归属。

　　《菌物词典》（第九版）（Kirk et al., 2001）引用 Kreisel 和 Calonge（1993）有关静灰球菌属的观点，记载该属全世界有5种，我们也沿用他们的概念，发现中国产2种。

　　该属担子果与灰球菌属 *Bovista* 和马勃属 *Lycoperdon* 的一些种类常常容易混淆，其区别在于灰球菌属的种类其担子果不孕基部与孢体间没有假隔膜将两者隔开，不孕基部若有则致密，非海绵状；马勃属的种类其担子果具有中柱，孢丝为马勃型。

中国静灰球菌属 *Bovistella* 分种检索表

1. 外包被多少网纹状，孢丝粗壮，担孢子光滑，具长柄 ························· **长根静灰球菌** *B. radicata*
1. 外包被非如上述，孢丝分支较多，柔软，担孢子多少具细疣，具或长或短的柄 ····················
·· **大口静灰球菌** *B. sinensis*

长根静灰球菌　图 17　图版III-16

Bovistella radicata (Durieu & Mont.) Pat., Bull. Soc. mycol. Fr. 15: 55. 1889. Teng, Fungi
　　of China, p. 677, 1963. Tai, Sylloge Fungorum Sinicorum p. 390, 394, 1979. Liu, The
　　Gasteromycetes of China, p. 112, 114, 1984.

Lycoperdon radicatum Durieu & Mont. *in* Durieu, Expl. Sci. Alg., Fl. Algér. 1(livr. 10): 383.
　　1848 [1846-49].

Mycenastrum ohiense Ellis & Morgan, J. Mycol. 1(7): 89. 1885.

Bovistella ohiensis (Ellis & Morgan) Morgan, J. Cincinnati Soc. Nat. Hist. 14: 141. 1892.

Calvatiella sinensis C. H. Chow, Bull. Fan. Inst. Biol. Peking 7(2): 92. 1936.

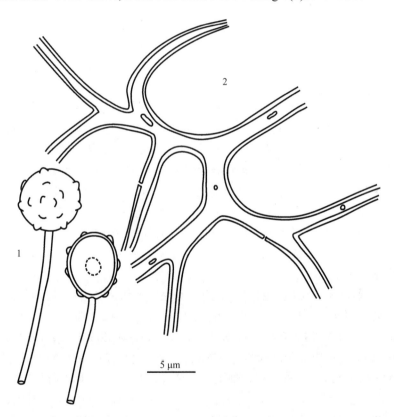

图 17　长根静灰球菌 *Bovistella radicata* (Durieu & Mont.) Pat.（HMAS 07378）
1. 担孢子；2. 孢丝

　　担子果球形至梨形，直径 6.2~8.8 cm，基部具假根，长 3~4 cm，由菌丝和沙粒组成。
外包被呈小刺或疣，多少粉状，初期白色，成熟时变为浅橄榄褐色、黄褐色，部分脱落，
分布于内包被顶端或上半部的脱落较多至全部脱落；内包被纸质，光滑，暗，灰黄色或

白黄色，顶端具一不规则开口。孢体粉末状，绿褐色。中柱缺乏。不孕基部疏松，海绵状，孢体和不孕基部间有假隔膜将两者隔开。孢丝灰球菌型，二叉分支，直径 5~20 μm，无隔，具大量形态不规则且大小不一的纹孔。担孢子球形、卵圆形，4.5~5×4~4.5 μm，光镜下光滑，扫描电镜下具细微的小疣，具一长柄，长 7~12 μm。

模式标本产于阿尔及利亚。

分布：中国(四川、甘肃)；英国，美国，德国，波兰，俄罗斯，葡萄牙，保加利亚，马其顿。

标本研究：四川成都药品检验所(HMAS 43736)。甘肃岷县大拉山，开放草地上，邓叔群 4165，1945 年 10 月 20 日(HMAS 07378)。

讨论：长根静灰球菌 Bovistella radicata 以担子果具假根、孢丝无隔且具大量纹孔、担孢子光镜下光滑为其主要特征。

文献记载该种的担子果大小变化较大，Kreisel 和 Calonge(1993)描述为 2~25 cm，Calonge(1998) 描述为 3~15 cm，我国目前见到的标本还比较少。

大口静灰球菌 图 18 图版III-17

Bovistella sinensis Lloyd, Mycol. Writ. 7(Letter 70): 1230. 1922. Teng, Fungi of China, p. 677, 1963. Tai, Sylloge Fungorum Sinicorum p. 390, 1979. Liu, The Gasteromycetes of China, p. 116, 1984. Wu, The Macrofungi from Guihzou, China, p. 149, 1989. Dai & Li, Fungi blog of Ganzi, Sichuan, p. 310, 1994.

担子果陀螺形、近球形，直径 6~12 cm，基部具明显假根。包被两层，外包被网纹鳞片状，或呈疣或细刺状，易脱落；内包被膜质，柔软，有光泽，黄色，顶端具一大的不规则开口。孢体粉末状，深黄色至黄褐色。中柱缺乏。不孕基部小，有时难以区分，疏松，海绵状，孢体和不孕基部间有假隔膜将两者隔开。孢丝灰球菌型，二叉分支，分支大量，较柔软，黄色，部分孢丝在分支处有稀少分隔，直径 10~12.5 μm，具圆形或狭长椭圆形纹孔，大量，细的分支上较多。担孢子球形、卵圆形，3.5~5×4~5 μm，光镜下担孢子表面具不明显细疣至近光滑，扫描电镜下具稀疏分布的小疣，黄色，内含一油滴，具或长或短的柄，长 3~12 μm。

模式标本产于中国。

分布：中国(河北、山西、四川、贵州、西藏、陕西、甘肃)；尼泊尔。

标本研究：河北，E. Licent，1915 年 7 月 30 日(HMAS 29085)。山西，E. Licent，1935 年 7 月 11 日(HMAS 29030)；1918 年 4 月 14 日(HMAS 30161)；1933 年 7 月 21 日(HMAS 30166)。四川成都药品检验所(HMAS44166，43812)。贵州，中央卫生部，1959 年 8 月(HMAS 24982)。西藏米林，地上，卵晓岚，1983 年 6 月 14 日(HMAS 51816，53977)。陕西商县，地上，房敏峰，1991 年 4 月 3 日(HMAS 60574)。甘肃，E. Licent，1919 年 4 月 2 日(HMAS 30162)；1919 年 4 月 3 日(HMAS 29031，30165，29032)。

讨论：该种与长根静灰球菌 Bovistella radicata 的区别在于后者担子果具较长的假根，外包被表面绝不网纹状，孢丝较粗壮，光镜下担孢子光滑，具一长柄。

该种的主要特征是外包被网纹鳞片状，内包被顶端具有较大的开口，孢丝分支多且柔软，光镜下担孢子多少具细疣，担孢子柄或长或短。

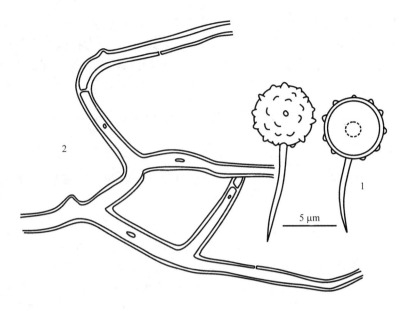

图 18　大口静灰球菌 *Bovistella sinensis* Lloyd（HMAS 29032）

1. 担孢子；2. 孢丝

秃马勃属 Calvatia Fr.

Summa veg. Scand., Sectio Post. (Stockholm): 442. 1849.

emend. Morgan, J. Cinc. Soc. Nat. Hist. 12: 165. 1890.

Hippoperdon Mont., Annls Sci. Nat. Bot. Sér. 2. 17: 121. 1842.

Langermannia Rostk. *in* Sturm, Deutschl. Fl. 3. Abt. (Pilze Deutschl.) 5: 23. 1839.

Lasiosphaera Reichardt, Reise Öesterr. Novara Bot. 1(3): 135. 1870.

Omalycus Raf. Précis Découv. Trav. Somiologiques Palermo.: 52. 1814.

Lanopila Fr., K. svenska Vetensk-Akad. Handl. 69: 151. 1849 [1848].

　　担子果球形、扁球形、陀螺形或梨形，常较大，直径 2~45 cm，高可至 30 cm。外包被薄、膜质，或较厚并呈龟裂状，由两层形态不同的组织构成，外层为球形细胞，内层由交织的丝状菌丝组成；内包被常薄，脆，由交织的丝状菌丝组成，有时也有球形细胞，成熟时包被上半部因碎裂而开裂成大口，产孢组织露出，内包被和产孢组织常逐渐脱落。孢体粉末状，幼时常白色，成熟后因不同的种类变为淡紫色、黄褐色。中柱缺乏。不孕基部蜂窝状或致密、坚实，永存，顶端凹或凸，有时发育不良甚至缺乏，孢体与不孕基部间有时具一假隔膜。孢丝起初与内包被或不孕基部顶端相连，马勃型，有隔膜，分支少，成熟时常在分隔处断裂，因而常显得较短。担孢子球形，表面光滑至有点状、疣状或小刺状饰纹。

　　生境：群生或单生于田野、草原和树林。

　　模式种：*Calvatia craniiformis* (Schwein.) Fr.。

　　《菌物词典》第十版（Kirk et al.，2008）记载该属 40 种，中国产 9 种。分布于中国；

巴基斯坦，印度，阿富汗，澳大利亚，美国，加拿大，新西兰，西班牙。

秃马勃属 *Calvatia* 与马勃属 *Lycoperdon* 在形态特征上较为相似，两者间的区别在于包被的开裂方式，前者为包被上半部不规则开裂且开口较大，后者为在包被顶端形成一个小孔。

中国秃马勃属 *Calvatia* 的分种检索表

1. 成熟后产孢组织有明显的紫色色泽 ·················· 杯形秃马勃 *C. cyathiformis*
1. 成熟后产孢组织橄榄色(olivaceous)到深黄褐色 ······························· 2
  2. 不孕基部和产孢组织间具一假隔膜，孢丝的纹孔多呈缝裂状 ········· 囊状秃马勃 *C. utriformis*
  2. 不孕基部和产孢组织间无假隔膜，孢丝的纹孔多呈圆形 ·················· 3
3. 不孕基部发达 ··· 4
3. 不孕基部较小或缺乏 ·· 6
  4. 担孢子在光镜下具明显的疣，高 0.5~1 μm 的小刺或疣 ············· 瓶状秃马勃 *C. excipuliformis*
  4. 担孢子在光镜下近光滑，具疣则高＜0.3 μm ··························· 5
5. 外包被顶端具大量顶端弯曲并成簇分布的小刺，孢体粉末状，担孢子表面的细疣呈圆柱状 ········
                                           粗皮秃马勃 *C. turneri*
5. 外包被非如上述，孢体棉絮状，坚实，担孢子表面的细疣呈小刺状 ····· 头状秃马勃 *C. craniiformis*
  6. 担子果很大，直径＞15 cm， 孢体半致密，棉絮状至粉末状 ·········· 大秃马勃 *C. gigantea*
  6. 担子果小或中等大小，直径＜10 cm，孢体致密，不易飞散 ················ 7
7. 外包被黄白色、浅黄褐色，担孢子光镜下光滑 ······························ 8
7. 外包被污黄色、黄褐色，担孢子光镜下具点状疣 ················· 茶色秃马勃 *C. rugosa*
  8. 内包被薄，担孢子光镜下近光滑至多少具疣，扫描电镜下具细疣 ·········· 白秃马勃 *C. candida*
  8. 内包被较厚，担孢子光镜下光滑，扫描电镜下几乎光滑 ·········· 厚被秃马勃 *C. pachyderma*

白秃马勃 图 19 图版III-18

Calvatia candida (Rostk.) Hollós, Term. Füz. 25: 112. 1902. Teng, Fungi of China, p. 675, 1963. Tai, Sylloge Fungorum Sinicorum p. 393, 1979. Liu, The Gasteromycetes of China, p. 21, 1984. Wu, The Macrofungi from Guihzou, China, p. 147, 1989. Li, Hu & Peng, Macrofungus Flora of Hunan, p. 363, 1993. Mao, Economic fungi of China, p. 602, 1998. Mao, The Macrofungi in China, p. 549, 2000. Wu, Dai, Li, Yang & Song, Fungi of Tropical China, p. 60, 2011.

Langermannia candida Rostk., Deutschl. Fl., 3 Abt. (Pilze Deutschl.) **5**(18): 25. 1839.

Lycoperdon candidum (Rostk.) Bonard ex Sacc., Syll. fung. (Abellini) 7: 483. 1888.

Lycoperdon fragile Velen., České Houby 4-5: 818. 1922. non *Lycoperdon fragile* Vittad., Mém. R. Accad. Sci. Torino, Ser. 2 **5**: 180. 1843.

Calvatia olivacea (Cooke & Massee) Lloyd, Mycol. Writ. 7: 37. 1905.

担子果扁球形或梨形，直径 1.9~4.5 cm，高 2.5~4 cm，基部具根状菌丝束。外包被薄、纸质，脆，碎裂成鳞片状，有时多少网纹状，脱落，初黄白色，后黄色；内包被薄，纸质，初白色或白灰色，成熟后黄色至黄褐色，光滑，成熟后顶端不规则开裂，开口直径达 6.0 cm。孢体致密，粉末状至多少棉絮状，红褐色至茶褐色。不孕基部存在，致密，不发达。黄褐色。孢丝秃马勃型，弯曲，长，有二叉分支，隔偶见，直径 4~6 μm，浅黄褐色，具纹孔，圆形。孢子球形、近球形，直径 3.5~6.5 μm，浅黄褐色，光镜下表面光滑，扫描电镜下具小疣，内含有一大油滴，具短柄，长 0.5 μm。

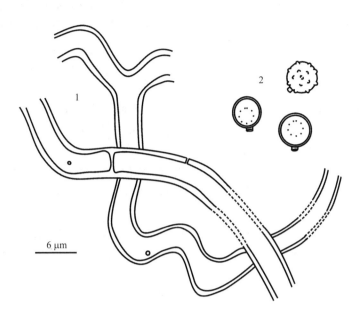

图 19　白秃马勃 *Calvatia candida* (Rostk.) Hollós（HMAS 76986）

1. 孢丝；2. 担孢子

模式标本产于欧洲。

分布：中国（北京、山西、黑龙江、广西、四川、云南、西藏、甘肃、青海、新疆）；南非，澳大利亚，俄罗斯，西班牙。

标本研究：北京罗道庄，1961 年 8 月 28 日，郭达连（HMAS 32037）；北京（HMAS 31794）；罗道庄，1961 年 9 月 20 日，郭达连（HMAS 32439）；罗道庄，1964 年 7 月 25 日，马世峰（HMAS 33753）；北京，1964 年 9 月 6 日，英小宁（HMAS 34585）；怀柔，1999 年 9 月 18 日，张晓青、白静娴，2625（HMAS 76986）。山西原平，1989 年 8 月 25 日，卯晓岚（HMAS 58018）；太原，1988 年 8 月 10 日，刘勤华（HMAS 85947）。黑龙江哈尔滨，1928 年 8 月 25 日，E. Licent（HMAS 29041）。广西南宁良凤江森林公园，海拔 160 m，1999 年 9 月 1 日，孙佩琼 4483（HKAS 34639）。四川若尔盖降扎乡，海拔 3200 m，1996 年 7 月 31 日，袁明生 2340（HKAS 30801）；若尔盖降扎乡，海拔 3500 m，1996 年 7 月 31 日，袁明生 2353（HKAS 30810）。云南盈江县格夺乡，海拔 1200 m，2003 年 7 月 18 日，王岚 173（HKAS 43269）；麻栗坡县城附近，海拔 1200 m，1992 年 6 月 21 日，杨祝良 1755（HKAS 25942）。西藏波密，1983 年 9 月 13 日，卯晓岚（HMAS 50873）；西藏，海拔 4400 m，1990 年 8 月 15 日，庄建军（HMAS 60462）；西藏隆子县通麦沙棘林下，海拔 5000 m，1975 年 6 月 24 日，臧穆 164（HKAS 5164）。甘肃，1932 年 7 月 8 号，E. Licent（HMAS 30169）。青海大通东峡，海拔 2700 m，针叶林地上，1996 年 8 月 13 日，卯晓岚、文华安、孙述霄（HMAS 76685，原定名为 *Lycoperdon perlatum* Pers.）。新疆乌鲁木齐，1977 年 6 月 8 日，卯晓岚（HMAS 38335）；和静，1958 年 8 月 2 日，徐连旺（HMAS 26942）。

讨论：该种的主要特征为包被质脆，不孕基部致密，不发达，孢体致密，孢丝具圆形纹孔，担孢子光镜下光滑。该种的担子果与茶色秃马勃 *Calvatia rugosa* (Berk. & M. A. Curtis) D. A. Reid 相似，但后者依据密布大量纹孔的孢丝及光镜下具点状疣的担孢子区别于该种。

头状秃马勃 图 20 图版Ⅳ-19

Calvatia craniiformis (Schwein.) Fr., Summa veg. Scand., Sectio Post. (Stockholm): 442. 1849. Tai, Sylloge Fungorum Sinicorum p. 393, 1979. Liu, The Gasteromycetes of China, p. 21, 1984. Wu, The Macrofungi from Guihzou, China, p. 147, 1989. Ba, Oyongowa & Tolgor, Statistics of Mycobiota of Macrofungi in Gogostai Haan Nature Reserve of Inner Mongolia, 27(1): 34, 2005. Wu, Dai, Li, Yang & Song, Fungi of Tropical China, p. 60, 2011.

Bovista craniiformis Schwein., Trans. Am. phil. Soc., New Series 4(2): 256. 1832 [1834].

Lycoperdon delicatum Berk. & M.A. Curtis, Grevillea 2(no. 16): 51. 1873. non *Lycoperdon delicatum* Berk. Hooker's J. Bot. Kew Gard. Misc. 6: 172. 1854.

Lycoperdon missouriense Trel.,Trans. Acad. Sci. St. Louis 5: 240. 1891.

担子果陀螺形、倒梨形或倒卵形，直径 2.2~12.5 cm，高 3.5~8 cm，具假根，有时有大量的白色细菌丝束。外包被薄，纸质，表面光滑至有丛毛或细鳞片，成熟后呈片状脱落，淡褐色至棕褐色；内包被薄，纸质，黄褐色，成熟后顶端部分碎裂成片状，脱落，使包被开裂成大口。孢体棉絮状，坚实，不易飞散，包被脱落后可保存较长的一段时间，幼时白色，后变为黄色、黄褐色至土黄色。不孕基部发达，海绵状，黄褐色、橄榄褐色至红褐色，基部收缩成一尖端。孢丝秃马勃型，细长，分支少，有二叉分支，隔少，隔处稍膨大，易断裂，黄色，直径 2.5~4 μm，有时可达 6 μm，具纹孔，圆形。担孢子球形，浅黄褐色，带有绿色色泽，直径 3.5~5 μm，光镜下近光滑至有细疣，扫描电镜下呈小刺状，内含一大油滴，无小柄至有一短的小柄残余。

模式标本产于美国。

分布：中国(北京、河北、吉林、江苏、安徽、福建、江西、湖南、广西、海南、贵州、西藏、陕西)；日本；欧洲，北美洲。

标本研究：北京潭柘寺，1958 年 7 月 25 日，邓叔群(HMAS 22802)；百花山，混交林种地上生，1978 年 4 月 15 日，韩树金等(HMAS 42517)；百花山黄安坨北沟，1956 年 4 月 23 日，王文章(HMAS 28025)。河北，1930 年 8 月 21 日，E. Licent(HMAS 29033)。吉林安图，1960 年 8 月 4 日，杨玉川(HMAS 28028)。江苏南京灵谷寺，1957 年 8 月 18 日，邓叔群(HMAS 20355)。安徽黄山，阔叶林地上，1957 年 8 月 24 日，邓叔群(HMAS 20136)。福建浦城，海拔 600 m，1960 年 8 月 8 日，王庆之等(HMAS 28024)。江西黄岗山，林中地上，1936 年 10 月，邓相昆(HMAS 17377)；黄岗山，1936 年 10 月，邓相昆(HMAS 17378)；武宁，1936 年 8 月，邓相昆(HMAS 17379)；黄岗山，1936 年 10 月，邓相昆(HMAS 17447)。湖南龙山，1958 年 4 月 2 日，陈庆滔(HMAS 26953)。周净慈(HMAS 24588)；湖南莽山，1981 年 5 月 5 日，卯晓岚(HMAS 47105)。广西隆林，1957 年 10 月 20 日，徐连枉(HMAS20978)；百色澄碧河，海拔 300 m，1999 年 7

月 29 日，袁明生 4161（HKAS 34799）。海南乐东尖峰岭天池，1988 年 8 月 11 日，郑国杨（HMAS 85972）；儋县，1960 年 5 月 26 日，邓叔群（HMAS 29688）。贵州，1988 年 7 月 21 日，宗毓臣（HMAS 57796）。西藏墨脱，1982 年 4 月 23 日，卯晓岚（HMAS 53382）；西藏，1966 年，陈建斌等（HMAS 53959）。陕西汉中，1991 年 4 月 23 日，卯晓岚（HMAS 66060）；汉中，1991 年 9 月 23 日，卯晓岚（HMAS 61708）；汉中，1991 年 4 月 23 日，卯晓岚（HMAS 61722）；秦岭，1991 年 9 月 21 日，卯晓岚（HMAS 66125）；汉中，1991 年，卯晓岚（HMAS 71664）；太白山刘家崖，1963 年 8 月 28 日，马启明等（HMAS 33199）。

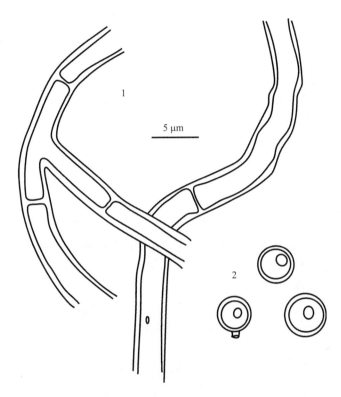

图 20　头状秃马勃 Calvatia craniiformis (Schwein.) Fr.（HMAS 29688）
1. 孢丝；2. 担孢子

　　讨论：该种常单生或散生在草坪或树林中，其主要特征是担子果陀螺形、倒梨形，不孕基部发达，海绵状，孢体棉絮状，不易飞散，黄褐色、橄榄褐色至红褐色，担孢子光镜下表面近光滑至具细疣。

　　杯形秃马勃 Calvatia cyathiformis (Bosc) Morgan 的担子果外形与该种相似，两者的区别在于杯形秃马勃的孢体紫色、粉末状，担孢子在光镜下明显具疣或小刺，绝不光滑。茶色秃马勃 C. rugosa (Berk. & M.A. Curtis) D. A. Reid 的孢体及担孢子特征与该种相似，但茶色秃马勃的包被、孢体明显偏向于黄色，孢丝上密布纹孔，纹孔圆形或形状多少不规则。囊状秃马勃 C. utriformis (Bull.) Jaap 与该种的区别在于其外包被形成金字塔状鳞片或疣，孢丝宽，直径 4~11 μm，孢丝的纹孔缝裂状。

杯形秃马勃 图21 图版IV-20

Calvatia cyathiformis (Bosc) Morgan, J. Cincinnati Soc. Nat. Hist. 12: 168. 1890. Teng, Fungi of China, p. 674, 1963. Tai, Sylloge Fungorum Sinicorum p. 393, 1979. Liu, The Gasteromycetes of China, p. 99, 1984. Li, Hu & Peng, Macrofungus Flora of Hunan, p. 363, 1993. Mao, Economic Fungi of China, p. 603, 1998. Mao, The Macrofungi in China, p. 550, 2000. Wu, Dai, Li, Yang & Song, Fungi of Tropical China, p. 60, 2011.

Lycoperdon cyathiforme Bosc, Mag. Gesell. naturf. Freunde, Berlin 5: 87. 1811.

Lycoperdon fragile Vittad., Mém. R. Accad. Sci. Torino, Ser. 2 5: 180. 1843.

Calvatia fragilis (Quél.) Morgan, J. Cincinnati Soc. Nat. Hist. 12(4): 168. 1890.

Lycoperdon lilacinum (Mont. & Berk.) Massee, J. Roy. Micro. Soc.: 706. 1887.

Calvatia lilacina (Mont. & Berk.) Henn., Hedwigia 43: 205. 1904.

担子果球形、陀螺形或近梨形，有时扁，直径 5~16 cm，高 5~11 cm。外包被薄，质脆，光滑或有丛毛，多少鳞片状，起初白色，后变为咖啡色或红棕色；内包被灰紫色，薄、质脆，成熟后上半部分碎裂，与外包被一起呈片状脱落，孢体暴露。孢体粉末状，起初白色，后变为灰紫色、深紫色或深紫褐色。不孕基部发达，表面沟槽或皱纹，其基部呈蜂窝状，近顶端致密，孢子及孢丝散失后遗留的不孕基部呈杯状。孢丝马勃型，罕见二叉分支，黄褐色，具隔，隔处易断裂，直径 2~4 μm，纹孔大量，椭圆形或圆形。担孢子球形，红褐色，直径 4.5~7.1 μm（包括纹饰），光镜下有明显疣突或小刺，圆柱形或圆锥形，长 1 μm，扫描电镜下呈棱刺状，刺间有低的脊相连或否，具一短柄，常因被饰纹遮挡而难于观察。

模式标本产地不详。

分布：中国（北京、河北、内蒙古、辽宁、黑龙江、河南、江苏、湖北、广西、海南、四川、云南、西藏、新疆）；巴基斯坦，印度，阿富汗，菲律宾，伊朗，中东，南非，刚果，澳大利亚，西班牙，加拿大，新西兰，阿根廷。

标本研究：北京潭柘寺，1959 年 8 月 30 日，王卫星 [HMAS 27932，原定名为 *Calvatia lilacina* (Mont. & Berk.) Lloyd]；潭柘寺，1961 年 10 月，田苏敏（HMAS 32174，原定名为 *C. lilacina*）；西山，1958 年 7 月 21 日，邓叔群（HMAS 22619，原定名为 *C. lilacina*）；北京，周宗璜（HMAS 16397）。河北，1994 年 8 月，卯晓岚（HMAS 71649，原定名为 *C. lilacina*）；河北，1959 年 7 月 21 日（HMAS 27931，原定名为 *C. lilacina*）。内蒙古，1994 年 8 月，卯晓岚（HMAS 66155，原定名为 *C. lilacina*）；内蒙古，1994 年 8 月，卯晓岚（HMAS 71739，原定名为 *C. lilacina*）；内蒙古，1963 年 8 月 5 日，邓庄（HMAS 33309，原定名为 *C. lilacina*）；锡林浩特，1985 年 8 月 15 日，李玉（HMAS 53961，原定名为 *C. lilacina*）；锡林浩特，1985 年 8 月 16 日，李玉（HMAS 53964，原定名为 *C. lilacina*）；内蒙古，1980 年（HMAS 40510，原定名为 *C. lilacina*）；内蒙古，1980 年（HMAS 25129，原定名为 *C. lilacina*）；内蒙古，1980 年（HMAS 40510，原定名为 *C. lilacina*）；锡林郭勒大草原，2006 年 7 月 22 日，范黎（BJTC 060722123、BJTC 060722125、BJTC 060722126）。辽宁兴城，1955 年 7 月 14 日，姜广正（HMAS 16391，原定名为 *C. lilacina*）。黑龙江带岭，1963 年 8 月，邓叔群（HMAS 32939，原定名为 *C. lilacina*）。河南，1993 年 3 月，卯晓岚（HMAS70008）。江苏无锡，1956 年 9 月（HMAS 46137，原定名为 *C.*

lilacina)。湖北孝感(HMAS 28715,原定名为 *C. lilacina*)。广西龙津,1958 年 8 月 31 日,姜广正(HMAS 25822,原定名为 *C. lilacina*)。海南,1993 年 3 月,卯晓岚(HMAS 71676,原定名为 *C. lilacina*);海南,1993 年 3 月,卯晓岚(HMAS 71708,原定名为 *C. lilacina*);儋县,1960 年 5 月 25 日,刘荣(HMAS 28026,原定名为 *C. lilacina*);万宁,海拔 100 m,1988 年 5 月 20 日,李泰辉(HMAS 85990)。四川理塘县君坝乡,海拔 4400 m,杜鹃花或柳树上生,2006 年 8 月 26 日,葛再伟 1434(HKAS 51020)。云南景洪勐仑水电站土上,1974 年 9 月 11 日,臧穆 1439(HKAS 1439);楚雄紫溪山,海拔 2300 m,1995 年 10 月 3 日,Yang. Z. l1940(HKAS 29642,原定名为 *C. lilacina*)。西藏墨脱,1982 年 9 月 11 日,卯晓岚(HMAS 51747,原定名为 *C. lilacina*);日东,布劳龙丫口,海拔 4200 m,1982 年 9 月 9 日,臧穆 899(HKAS 40080)。新疆托木尔峰,1978 年 7 月 15 日,卯晓岚(HMAS 39176,原定名为 *C. lilacina*);托里,1959 年 7 月 10 日,刘荣(HMAS 25128,原定名为 *C. lilacina*);托里,1959 年 5 月 30 日,刘荣(HMAS 25130,原定名为 *C. lilacina*)。

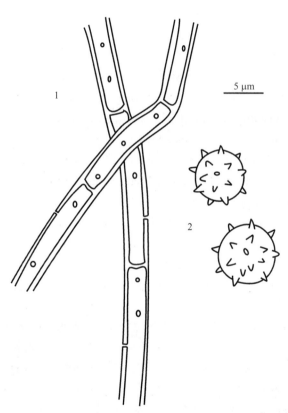

图 21 杯形秃马勃 *Calvatia cyathiformis* (Bosc) Morgan(HMAS 85990)
1. 孢丝;2. 担孢子

讨论:杯形秃马勃 *Calvatia cyathiformis* 因其孢体随风散失后遗留的不孕基部呈杯状而得名。该种因担子果成熟后紫色而区别于本属其他已知种。*Calvatia leiospora* Morgan 的孢体成熟后多少紫色,与杯形秃马勃相似,但其担孢子光滑,直径 3~4.5 μm。

与杯形秃马勃在担子果形态特征上较为相似的另一个种是 *Calvatia fragillis* (Vittad.)

Morgan，两者间的区别在于后者担子果较小，直径一般为 2~7 cm，不孕基部致密，不发达，担孢子表面疣突较低。Kreisel(1992)认为，产于欧洲的标本应该是 *C. fragillis*，因其不孕基部均结构致密，而美国采集到的标本，不孕基部均呈海绵状，应是杯形秃马勃 *C. cyathiformis*(Calonge，1998)。Calonge 和 Demoulin(1975)在伊比利亚半岛发现了一份不孕基部同时具有以上两个特点的标本，因此认为杯形秃马勃 *C. cyathiformis* 与 *C. fragillis* 为同一个种。Bates(2009)在研究美国亚利桑那州的上述两个种时发现，在扫描电镜下可见两者的担孢子饰纹明显不同，*C. fragillis* 的担孢子饰纹在扫描电镜下呈基部宽大于高的矮圆锥状，饰纹高 0.8 μm，杯形秃马勃 *C. cyathiformis* 的呈基部宽短于高的窄长棱刺状，高 1 μm，其他区别如 Kreisel(1992)的描述，Bates 接受 Kreisel 的观点，认为 *C. fragillis* 是成立的种。我国的标本具有杯形秃马勃 *C. cyathiformis* 的典型特征，担孢子扫描电镜下的特征与 Bates 等(2009)的研究结果相同。

杯形秃马勃子实体中含有亮氨酸、酪氨酸酶、尿素、麦角固醇、类脂等，幼嫩时可食，成熟孢体能止血(Liu，1984)。

瓶状秃马勃　图 22　图版IV-21

Calvatia excipuliformis (Scop.) Perdeck, Blumea 6: 490. 1950. Teng, Fungi of China, p. 674, 1963. Tai, Sylloge Fungorum Sinicorum p. 393, 1979. Liu, The Gasteromycetes of China, p. 86, 1984. Li, Hu & Peng, Macrofungus Flora of Hunan, p. 359, 1993. Dai & Li, Fungi blog of Ganzi, Sichuan, p. 312, 1994. Mao, Economic fungi of China, p. 604, 1998. Mao, The Macrofungi in China, p. 546, 2000.

Lycoperdon polymorphum var. *excipuliforme* Scop., Fl. carniol., Edn 2 (Wien) **2**: 488. 1772.

Lycoperdon excipuliforme (Scop.) Pers., Syn. Meth. Fung. (Göttingen) 1: 143. 1801.

Lycoperdon saccatum Fr., Syst. Mycol. 3: 35. 1825.

Calvatia saccata (Vahl) Morgan, J. Cincinnati Soc. Nat. Hist. 12: 171. 1890.

Lycoperdon elatum Massee, J. Roy. Microbiol. Soc., Ser. 2: 710. 1887.

Calvatia elata (Massee) Morgan, J. Cincinnati Soc. Nat. Hist. 12: 172.1890.

Lycoperdon pyriforme var. *excipuliforme* (Scop.) Desm., Pl. Crypt. Nord France, Edn 1: no. 1152. 1843.

担子果近球形、陀螺形、梨形，直径 2~5 cm，高 3.5~6 cm，假柄圆柱形，长 1.5~3 cm，基部具数条菌丝束。外包被薄，由小刺或疣组成，多少聚合，成熟后大部分脱落，初白色，后浅黄色，褐黄色；内包被浅薄，脆，黄褐色，有光泽，成熟后顶端不规则开裂成大口。孢体粉末状，黄褐色至深褐色。不孕基部发达，圆柱形，基部稍膨大或渐狭，结构疏松，海绵状，黄褐色。孢丝红褐色，末端浅黄褐色，粗细均匀，长，分支少，有二叉分支，无隔，直径 2~6 μm，壁厚 1~1.5 μm，纹孔大量，缝裂状，椭圆形至圆形。担孢子球形，红褐色，直径(3~)4~6.5 μm，光镜下表面具疣，扫描电镜下呈圆柱状，有时相互连接，高 0.8~1 μm，内含一大油滴，无柄或可见小柄残余。

模式标本产地不详。

分布：中国(北京、山西、吉林、黑龙江、陕西、新疆)；南非，英国，美国。

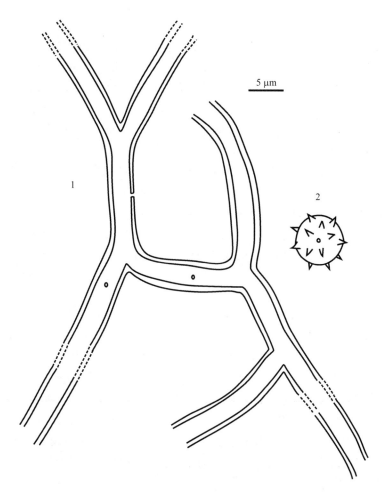

图 22　瓶状秃马勃 *Calvatia excipuliformis* (Scop.) Perdeck（HMAS 30171）
1. 孢丝；2. 担孢子

标本研究：北京百花山，1957 年 8 月 25 日，马启明（HMAS 23716，原定名为 *Calvatia saccata* var. *brevipes* Hollós）；百花山大痹沟，地上生，1957 年 9 月 13 日，马启明（HMAS 23861，原定名为 *C. saccata* var. *brevipes*）。山西，1935 年 9 月 4 日，E. Licent（HMAS 29034，原定名为 *C. saccata* var. *brevipes*）；山西，1933 年 6 月 23 日，E. Licent 2767［HMAS 30171，原定名为 *Calvatia saccata* (Vahl) Morgan］。吉林安图县长白山，1960 年 8 月 4 日，杨玉川（HMAS 28028，原定名为 *C. saccata* var. *brevipes*）。黑龙江塔河，混交林中生，1988 年 9 月 12 日，洪珍（HMAS 63346）。陕西秦岭太白山，阔叶林中地上，1958 年 7 月 5 日，余积厚（HMAS 23862，原定名为 *C. saccata* var. *brevipes*）。新疆和静，1958 年 8 月 2 日，徐连旺（HMAS 28027，原定名为 *C. saccata*）

讨论：瓶状秃马勃 *Calvatia excipuliformis* 因担子果具较长的假柄和近球形的包被，外形看上去像一个烧瓶状容器而得名。该种的主要特征是担子果的假柄较长，不孕基部发达，孢体粉末状，孢丝上的纹孔多呈缝裂状，担孢子具柱状疣。

大秃马勃　图 23　图版Ⅳ-22

Calvatia gigantea (Batsch) Lloyd, Mycol. Writ. 1 (Lycoperd. Australia) 1: 166. 1904. Teng,
Fungi of China, p. 675, 1963. Tai, Sylloge Fungorum Sinicorum p. 393, 1979. Liu, The
Gasteromycetes of China, p. 106, 1984. Wu, The Macrofungi from Guihzou, China, p.
147, 1989. Dai & Li, Fungi blog of Ganzi, Sichuan, p. 311, 1994. Mao, Economic fungi
of China, p. 604, 1998. Mao, The Macrofungi in China, p. 550, 2000. Li & Tolgor,
Mushrooms of Changbai Mountains, China, p. 302, 2003.

Lycoperdon giganteum Batsch, Elench. fung. (Halle): 237. 1786.

Lycoperdon bovista Fr., Syst. Myc. 3: 29. 1829. (non Persoon)

Bovista gigantea (Batsch) Nees, Syst. Pilze. 34. 1817.

Calvatia maxima (Schaeff.) Morgan, J. Cincinnati Soc. Nat. Hist. 12(4): 166. 1890.

Calvatia bovista (L.) Pers., *in* Macbride & Allin, Bull. Lab. Nat. Hist. Univ. Ia 4: 41. 1896.

Langermannia gigantea (Batsch) Rostk., *in* Sturm, Deutschl. Fl., 3 Abt. (Pilze Deutschl.) 3:
23. 1839.

担子果非常大，近球形、扁球形至球形，直径 10~45 cm，高 20~35 cm，基部具一发育良好的、粗的菌丝索状根。外包被薄，质脆，表面光滑至被有茸毛，幼嫩时白色至乳白色，后变成黄色，成熟后呈橄榄色，碎裂成片状并脱落；内包被暗黄色至橄榄色，薄，脆，逐渐碎裂成不规则的片状并脱落，孢体暴露。孢体半致密，棉絮状至粉末状，幼嫩时白色，成熟后呈橄榄色。不孕基部不发达至几乎缺乏，有则致密。孢丝秃马勃型，浅黄色至黄褐色、橄榄色，分支少，具隔，直径 2.5~6 μm，壁厚 1.5 μm，纹孔大量，圆形。担孢子球形，浅黄色至浅橄榄色，直径 4.0~6.5 μm，光镜下表面几乎光滑至有不明显的细疣，扫描电镜下具有小的突起，小柄缺乏或仅有一小柄残余。

模式标本产于欧洲。

分布：中国（北京、河北、山西、内蒙古、辽宁、四川、西藏、甘肃、青海、新疆）；日本，印度，新西兰，南非，澳大利亚，西班牙，爱尔兰。

标本研究：北京阳坊，1982 年 7 月 24 日，温巨妨（HMAS 43732）；东灵山，1998年 8 月 18 日（HMAS 80680）；昌平回龙观，2004 年 7 月 19 日，苏红（HMAS 90024）。河北沽源，1961 年 8 月，孔贤良（HMAS 31595）；沽源，1961 年 8 月，孔贤良（HMAS 32178）；兴隆，1935 年（HMAS 17564）；小五台山，1990 年 8 月 27 日，李滨（HMAS 67971）。山西太原，1914 年 10 月 11 日，E. Licent（HMAS 31594）；山西，1953 年，刘锡进（HMAS33558）；五台山，1985 年 8 月 12 日，赵庚（HMAS 89460）。内蒙古，1959年 8 月 21 日（HMAS 54804）；内蒙古（HMAS32173）；呼伦贝尔市，卯晓岚（HMAS 54806）；内蒙古（HMAS 32173）。辽宁兴城，1955 年 7 月 14 日，姜广正（HMAS 15976）；兴城，1955 年 7 月 8 日，郑余荣（HMAS 15977）；沈阳，1950 年 8 月，邓叔群（HMAS 17565）。四川盐源，北灵山，海拔 3200 m，1983 年 8 月 11 日，陈可可 564（HKAS 13382）。西藏昌都县去江达途中，海拔 4250 m，2004 年 7 月 29 日，杨祝良 4204（HKAS 45587）；青泥洞，1982 年 8 月 7 日，卯晓岚（HMAS 47552）。甘肃张掖，1958 年 4 月 3 日，马启明（HMAS 24269）。青海，1958 年 8 月 6 日，马启明（HMAS 24268）。新疆和静，1958年 7 月 30 日（HMAS 25821）；托木尔峰，1978 年 7 月 16 日，卯晓岚等（HMAS 39045）；

托木尔峰，1978 年 7 月 16 日，卵晓岚等（HMAS 39045）；和静，1958 年 7 月 30 日，徐连旺（HMAS 25802）；云杉林中地上，1958 年 7 月 30 日，徐连旺（HMAS 25939，原定为 *Lasiosphaera fenzlii* Reichardt）。

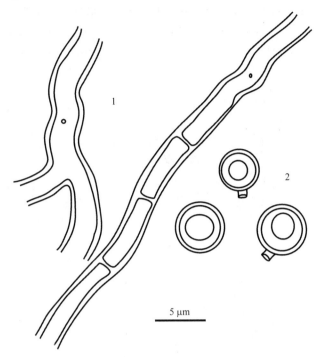

图 23　大秃马勃 *Calvatia gigantea* (Batsch) Lloyd（HMAS 25939）

1. 孢丝；2. 担孢子

讨论：该种多生于草场或林中地上，夏秋季节大雨过后在大草原、牧场、林间空地上常见，幼嫩时可食。大秃马勃 *Calvatia gigantea* 以大体积的担子果、光滑的外包被、缺乏发达的不孕基部及光镜下近光滑至有不明显细疣的担孢子区别于本属其他已知种。

厚被秃马勃　图 24　图版IV-23

Calvatia pachyderma (Perk) Morgan, J. Cincinnati Soc. Nat. Hist. 12(4): 167. 1890. Liu, The Gasteromycetes of China, p. 106, 1984.

Lycoperdon pachydermum Peck, Bot. Gaz. 7(5): 54. 1882.

Calvatia primitiva Lloyd, Mycol. Writ. 1: 1. 1904.

担子果扁球形、倒卵形或梨形，直径 3~5 cm，高 2~4 cm，基部渐狭，具根状菌丝束。外包被薄、纸质、脆，碎裂成片状脱落，初污白色，后黄白色、污黄色；内包被相对较厚，多少革质，初白色或白灰色，后黄色至黄褐色，光滑，成熟后顶端不规则开裂并脱落。孢体多少致密，粉末状，浅褐色至茶褐色。不孕基部存在，致密，不发达，黄褐色。孢丝秃马勃型，弯曲，长，有二叉分支，隔偶见，直径 4~6.5 µm，浅黄褐色，具纹孔，圆形。孢子球形、近球形，直径 3.5~5 µm，浅黄褐色，光镜下表面光滑，扫描电镜下表面几乎光滑，内含有一油滴，具一短柄，长 0.5 µm。

模式标本产于美国。

分布：中国（北京）；澳大利亚，美国；欧洲，南美洲。

标本研究：北京郊外，1961 年 9 月 20 日，郭达连（HMAS 32363）。

讨论：该种以其较厚的内包被及光滑的担孢子区别于本属其他已知种。该种的担子果大小变化较大，直径为 3~17 cm（Zeller and Smith，1964），美国产标本的担子果常中等大小，直径 10~17 cm（Bates，2009），担孢子近球形，标本 HMAS 32363 的担子果较小，但其他特征与该种相似。

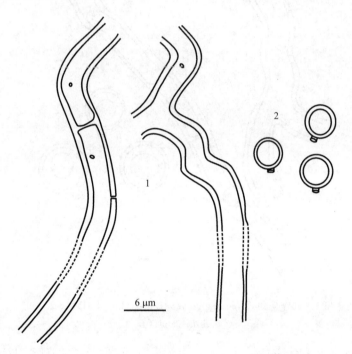

图 24　厚被秃马勃 *Calvatia pachyderma* (Perk) Morgan（HMAS 32363）

1. 孢丝；2. 担孢子

茶色秃马勃　图 25

Calvatia rugosa (Berk. & M. A. Curtis) D. A. Reid, Kew Bull. 31(3): 671. 1977. Teng, Fungi of China, p. 675, 1963. Tai, Sylloge Fungorum Sinicorum p. 393, 1979. Liu, The Gasteromycetes of China, p. 109, 1984.

Lycoperdon rugosum Berk. & M.A. Curtis, *in* Berkeley, J. Linn. Soc. Bot. 10(no. 46): 345. 1868.

Lycoperdon rubroflavum Cragin, Bull. Washburn Coll. Lab. Nat. Hist. 1(2): 30. 1885.

Calvatia rubroflava (Craigin) Lloyd, Mycol. Writ. 1(2): 12. 1899.

C. candida var. *rubroflava* (Cragin) G. Cunn., Proc. Linn. Soc. N.S.W. 51(3): 368. 1926.

C. aurea Lloyd, Mycol. Writ. 1:11. 1899.

担子果扁球形至近陀螺形，直径 2~10 cm，高 1.5~5 cm，基部收缩成尖，具数根细的菌丝束。外包被薄，纸质，具细丛毛，有时光滑，成熟后上半部碎裂成不规则片状并脱落，黄白色、污黄色至黄色；内包被薄、纸质，污黄色至浅黄褐色，有时多少红褐色，成熟后不规则开裂并呈片状脱落。孢体致密，棉絮状，不易飞散，土黄色、褐黄色至锈褐色。不孕基部小至缺乏，结构致密，黄褐色。孢丝秃马勃型，多少弯曲，末端渐细，分支少，偶见二叉分支，多隔，隔处易断裂，褐黄色，直径 2~6 μm，纹孔密布，圆形至形状多少不规则。担孢子球形至近球形，直径 3~5 μm，光镜下表面具点状细疣，扫描电镜下呈小刺状，内具一油滴，无柄。

模式标本产于美国。

分布：中国（北京、西藏、青海）；日本，澳大利亚，美国，玻利维亚，巴西。

标本研究：北京妙峰山，1951 年 5 月 11 日，徐连旺[HMAS 16396，原定名为 *Calvatia rubroflava* (Cragin) Lloyd]。西藏吉隆，1990 年 4 月 1 日，庄剑云（HMAS 60300，原定名为 *C. rubroflava*）。青海，1930 年 9 月 13 日，郝静诚（HMAS 17448，原定名为 *C. rubroflava*）。

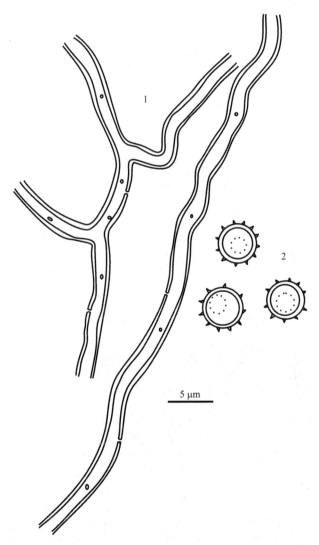

5 μm

图 25　茶色秃马勃 *Calvatia rugosa* (Berk. & M. A. Curtis) D. A. Reid（HMAS 60300）

1.孢丝；2. 担孢子

讨论：我国以 *Calvatia rubroflava* (Craigin) Lloyd 命名的标本其担孢子在光镜下均具有点状细疣，其余特征也与 Reid（1977）的新组合 *Calvatia rugosa* (Berk. & M. A. Curtis) D. A. Reid 吻合，故将其名称修改为 *Calvatia rugosa* (Berk. & M. A. Curtis) D. A. Reid，并沿用 Reid 的概念，将 *Calvatia rubroflava* (Craigin) Lloyd 引证为异名。

该种的主要特征是担子果成熟后黄色至褐黄色，外包被具细丛毛，不孕基部与孢体均致密，担孢子表面具小刺。该种易与头状秃马勃 *Calvatia craniiformis* (Schwein.) Fr. 混淆，两者的区别在于头状秃马勃担子果多褐色，孢丝上的纹孔圆形、非密布。

粗皮秃马勃　图 26　图版 IV-24

Calvatia turneri (Ellis & Everh.) Demoulin & M. Lange, Mycotaxon 38: 223. 1990.

Lycoperdon turneri Ellis & Everh., J. Mycol. 1(7): 87. 1885.

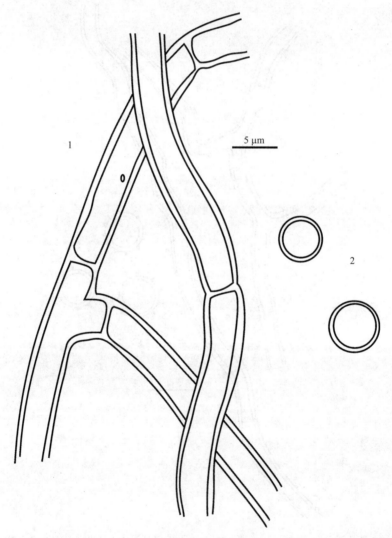

图 26　粗皮秃马勃 *Calvatia turneri* (Ellis & Everh.) Demoulin & M. Lange（HMAS 28716）

1. 孢丝；2. 担孢子

担子果近球形、梨形、陀螺形，直径 3.7~5 cm，高 3.5~4 cm，下半部渐狭并成一尖端，基部具菌丝索。外包被顶端具大量顶端弯曲并成簇分布的小刺，下半部刺少至近光滑，黄褐色至褐色，小刺易脱落；内包被薄或稍厚，光滑，有光泽，顶端脆，成熟后碎裂，部分或全部脱落，黄褐色至红褐色。孢体粉末状，锈褐色至近棕褐色。不孕基部发达，海绵状，黄褐色。孢丝秃马勃型，长，多少弯曲，具隔，少，隔处缢缩，黄褐色，直径 4~5 μm，壁厚 1 μm，具纹孔，圆形，有时多少缝裂状。担孢子球形，直径 4.5~6 μm，红褐色，光镜下近光滑至具细疣，扫描电镜下疣呈小的圆柱状，高 0.3 μm，内含一油滴，无柄或有时具一短的小柄残余。

模式标本产于加拿大。

分布：中国（河北、吉林）；美国，加拿大；中欧，北欧。

标本研究：吉林安图县，地上生，海拔 1500 m，1960 年 8 月 12 日，杨玉川等 716（HMAS 28716，原定名为 *Calvatia tatrensis* Hollós）。

讨论：该种的主要特征是外包被顶端具大量顶端弯曲并成簇分布的小刺，孢体颜色较深，锈褐色至近棕褐色，粉末状，孢丝纹孔圆形，担孢子光镜下多少具细疣。该种因外包被具大量顶端弯曲并成簇分布的小刺、发达的海绵状不孕基部及具圆柱状疣的担孢子区别于本属其他已知种。

囊状秃马勃　图 27　图版 V-25

Calvatia utriformis (Bull.) Jaap, Verh. bot. Ver. Prov. Brandenb. 59: 37. 1918. Teng, Fungi of China, p. 675, 1963. Tai, Sylloge Fungorum Sinicorum p. 392, 1979. Liu, The Gasteromycetes of China, p. 104, 1984. Wu, The Macrofungi from Guizhou, China, p. 147, 1989. Mao, Economic fungi of China, p. 602, 1998. Mao, The Macrofungi in China, p. 548, 2000.

Lycoperdon utriforme Bull., Hist. Champ. Fr. (Paris): 153. 1791.

Lycoperdon utriforme Bull. & Ventenat, Hist. Champ. France : 153. 1809.

Lycoperdon caelatum Bull. & Ventenat, Hist. Champ. France : 156. 1809.

Calvatia caelata (Bull.) Morgan, J. Cincinnati Soc. Nat. Hist. 12(4): 169. 1890.

Lycoperdon bovista Pers., Observ. mycol. (Lipsiae) 1: 4. 1796.

Calvatia bovista (Pers.)T. C. E. Fr., J. Ark. Bot. 17: 21. 1921.

Calvatia caelata (Bull. ex DC.) Morgan，J. Cincinnati Soc. Nat. Hist. 12: 169. 1890.

担子果梨形或陀螺形，直径可达 6.5 cm，高 9 cm，具发达的根状菌丝束。外包被形成金字塔状的鳞片或疣，其间有时有细刺分布，包被上半部的鳞片或疣常脱落而变得光滑，下半部的有时留下多角形的斑纹，初白色，后浅黄色至黄褐色；内包被薄、纸质，与外包被紧密黏附在一起，浅黄色至黄褐色，顶端脆，成熟后不规则开裂成大的圆形开口，直径可达 9 cm，使担子果呈杯状。孢体粉末状，黄褐色至锈褐色。不孕基部发达，结构疏松，海绵状，浅黄色至黄褐色，可达整个担子果高度的五分之一，与产孢组织间有一假隔膜分开。孢丝秃马勃型，分支多，具隔，碎断，红褐色，直径 4~11 μm，有时可达 15 μm，具纹孔，缝裂状至多少圆形。担孢子球形，黄褐色至浅红褐色，直径 3.5~5 μm，光镜下表面几乎光滑，扫描电镜下具疣，无柄或有时可见小柄残迹。

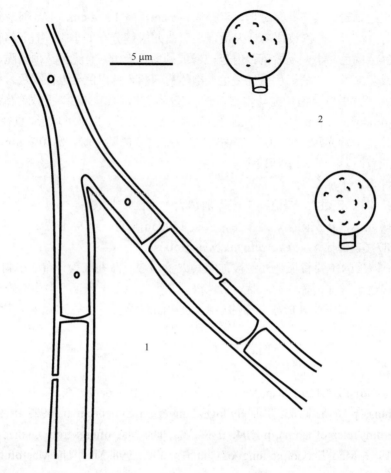

图 27 囊状秃马勃 *Calvatia utriformis* (Bull.) Jaap（HMAS 17517）
1. 孢丝；2. 担孢子

模式标本原产于欧洲。

分布：中国(河北、内蒙古)；日本，南非，英国，澳大利亚，新西兰；北美洲。

标本研究：河北小五台山牛角尖，1934 年 6 月 9 日，刘机盟[HMAS 17517，原定名为 *Calvatia caelata* (Bull. ex DC.) Morgan]；小五台山，1990 年 8 月 29 日，李滨，(HMAS 61905，原定名为 *C. caelata*)；小五台山，1990 年 9 月 1 日，李滨(HMAS 63693，原定名为 *C. caelata*)；小五台山，1990 年 8 月 25 日，李滨(HMAS 63696，原定名为 *C. caelata*)。内蒙古锡林浩特，1994 年 8 月，卯晓岚(HMAS 62499，原定名为 *C. caelata*)；内蒙古，1994 年 8 月，卯晓岚(HMAS 66240，原定名为 *C. caelata*)。

讨论：该种常散生于草地上，以外包被呈金字塔状鳞片或疣、不孕基部与产孢组织间具假隔膜及光镜下光滑的担孢子为主要特征。该种外包被的金字塔状鳞片有时较大，易与 *Calvatia sculpa* (Harkn.) Lloyd 混淆，但后者不孕基部与产孢组织间不具假隔膜，孢丝窄，直径 2.2~7.2 μm，担孢子光镜下可见细刺，高 0.25 μm。

脱盖马勃属 **Disciseda** Czern.

Bull. Soc. Imp. nat. Moscou 18(2, III): 153. 1845.

Catastoma Morgan, J. Cincinnati Soc. Nat. Hist. 14: 142.1892.

担子果扁球形至近球形，直径 1~4 cm，幼时半地下生，成熟时，其基部的菌丝索断裂，担子果即与其着生的基物分离，同时在分离处形成一个小孔(孔口)，随后，担子果随风翻转使孔口向上，便于孢子释放，翻转后的担子果下半部包被有一个帽状或杯垫状结构，由外包被和沙砾组成，上半部的外包被脱落，露出光滑的内包被。外包被两层，外层由菌丝状细胞构成，内层由拟薄壁组织细胞构成。孢体缺乏中柱，粉状，担子果无不孕组织。孢丝马勃型，横隔处易断裂，具或不具纹孔。孢子球形至椭球形，光镜下表面光滑至有明显的饰纹，一端有长约 1 μm 的小柄。

生境：散生于干燥环境的砂型土壤中。

模式种：*Disciseda collabescens* Czern.

《菌物词典》第十版(Kirk et al.，2008)记载全世界有 15 种，中国产 5 种。分布于中国；新西兰，澳大利亚；亚洲，非洲，欧洲，北美洲，南美洲。

脱盖马勃属区别于马勃科其他属的主要特征是担子果的孔口源于其与基物着生部位，因担子果与基物的分离而形成；担子果具一由外包被和沙砾组成的帽状或杯垫状结构，永存。

中国脱盖马勃属 *Disciseda* 分种检索表

1. 内包被的孔口边缘整齐，呈管状 ·· 异脱盖马勃 *D. anomala*
1. 内包被的孔口边缘撕裂状，不呈管状 ··2
   2. 担孢子直径在 7 μm 以上 ···3
   2. 担孢子直径在 7 μm 以下 ···4
3. 担孢子光镜下具圆柱状突起，顶端呈指状弯曲 ······························· 草场脱盖马勃 *D. bovista*
3. 担孢子光镜下具基部宽、顶端平截的突起 ··································· 地生脱盖马勃 *D. hypogaea*
   4. 担孢子直径 5~6.5 μm，光镜下近光滑 ································· 白脱盖马勃 *D. candida*
   4. 担孢子直径 3.5~4.5 μm，光镜下有不明显的突起或极小的刺 ················ 脱盖马勃 *D. cervina*

异脱盖马勃　图 28　图版 V -26

Disciseda anomala (Cooke & Massee) G. Cunn., Proc. Linn. Soc. N.S.W. 52(3): 239. 1927.

Bovista anomala Cooke & Massee, Grevillea 18(no. 85): 6. 1889.

担子果扁球形，直径 1.5 cm，暗褐色、红褐色。外包被薄，由菌丝、土壤碎屑与沙砾组成，质硬，担子果成熟后，外包被大部分脱落，仅残留一杯垫状结构；内包被光滑，纸质，顶端中央具管状孔口，圆形，边缘整齐，内包被由薄壁菌丝组成，菌丝浅黄褐色，直径 2~5 μm。孢体成熟时粉末状，褐色。孢丝马勃型，淡黄色，无隔，直径 3~3.5 μm，纹孔大量。担孢子光镜下光滑至多少具疣，球形、近球形，淡黄色，直径 4~5 μm，具短柄，具油滴。

分布：中国(西藏)；美国，加拿大，阿根廷，秘鲁。

标本研究：西藏墨脱，地上生，1980 年 7 月 27 日，卯晓岚 1145〔HMAS 52693A，

原定名为脱盖马勃 *Disciseda cervina* (Berk.) Holl.]。

讨论：该种因具有边缘整齐的管状孔口区别于本属其他已知种。

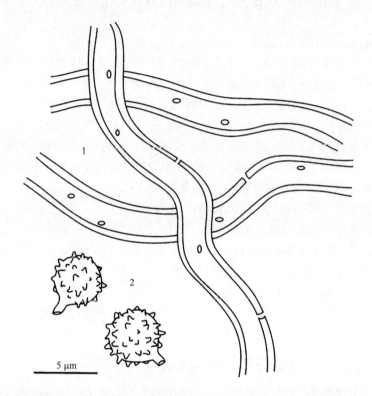

图 28　异脱盖马勃 *Disciseda anomala* (Cooke & Massee) G. Cunn.（HMAS 52693A）

1. 孢丝；2. 担孢子

草场脱盖马勃　图 29　图版Ⅴ-27

Disciseda bovista (Klotzsch) Henn., Stud. nat. Hist. Iowa Univ. 42: 128. 1903. Xu, Zhao, Liu & Fan, Two new records of *Disciseda* in China, 26(2): 179, 2007.

Geastrum bovista Klotzsch [as '*Geaster*'], Fung. orb. terr. circumn. Meyen. coll.: 243. 1843.

Disciseda bovista (Klotzsch) Kambly, *in* Kambly& Lee, Univ. Iowa Stud. 17: 153. 1936.

Catastoma bovista (Klotzsch) Hollós, *in* Hennings, Verh. Bot. Vereins Prov. Brandenburg 43: Ⅵ. 1902.

Bovista subterranea Peck, Bot. Gaz. 4(10): 216. 1879.

Catastoma subterranum (Peck) Morgan, J. Cincinnati Soc.Nat. Hist. 14: 143. 1892.

Disciseda subterranea (Peck) Coker & Couch, Gast. E. US & Canada: 141. 1928.

Lycoperdon defossum Vittad., Monogr. Lycoperd.: 177. 1843.

Disciseda defossa (Vittad.) Hollós, Gasteomyc. Ungarns.:140. 1904.

Disciseda defossa (Vittad.) De Tony *in* Sacc., Syll. Fung. 7: 486. 1888.

担子果扁球形，直径 1.5~1.8 cm，高 0.9 cm。外包被由菌丝、土壤碎屑与沙砾组成，质硬，担子果成熟后，外包被大部分脱落，仅残留一杯垫状结构；内包被白色至浅灰色，厚、膜质，顶端中央具一顶孔，形状圆形至稍不规则，边缘不整齐，偶呈流苏状，内包被由薄壁菌丝组成，菌丝浅黄褐色，带淡绿色光泽，直径 2~5 μm。孢体成熟时粉末状，褐色。孢丝马勃型，偶见二叉分支，弯曲，浅黄色至浅黄褐色，表面光滑或粗糙，无隔，直径 3~3.5 μm，具纹孔或不具纹孔。担孢子球形，直径 7~8 μm，光镜下具明显的突起，多圆柱状，有时呈刺状，透明，长 0.8~1 μm，扫描电镜下呈指状，顶端弯曲，指状突起间有时分布有小的疣突，红褐色，内含一大油滴，具小柄，极短，长约 1 μm。

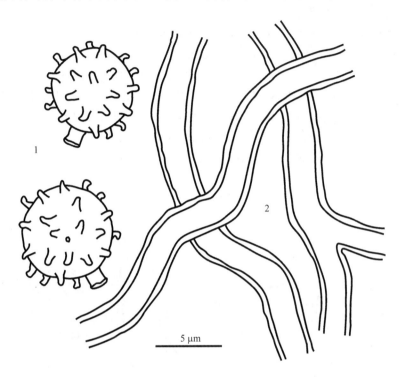

图 29　草场脱盖马勃 *Disciseda bovista* (Klotzsch) Henn.（HMAS 32297）
1. 担孢子；2. 孢丝

模式标本产地不详。

分布：中国（河北、内蒙古、新疆）；美国，加拿大，阿根廷，秘鲁。

标本研究：河北沽源县，1961 年 8 月，孔显良［HMAS 32297，原定名为脱盖马勃 *Disciseda cervina* (Berk.) Holl.］。内蒙古锡林郭勒大草原，中国科学院草原生态系统定位研究站附近，2006 年 7 月 22 日，范黎（BJTC 06072239，BJTC 06072241，BJTC 06072231A）；锡林郭勒云杉自然保护区附近，2006 年 7 月 22 日，范黎（BJTC 06072211）。新疆阿勒泰布尔津，牧场，海拔 1187 m，2006 年 8 月 6 日，范黎（BJTC 06080618）；2006 年 8 月 6 日，崔晋龙（BJTC 06080621，BJTC 06080611）；托里县庙二村，地上生，1959 年 4 月 17 日，刘恒盈、刘荣 530［HMAS 26543，原定名为脱盖马勃 *Disciseda cervina* (Berk.) Holl.］

讨论：该种担子果的宏观特征与白脱盖马勃及灰球菌属的铅色灰球菌 *Bovista plumbea* Pers. 相似，其区别在于白脱盖马勃 *Disciseda candida* 的担孢子较小，直径 4~5 μm，在光镜下近光滑；*Bovista plumbea* 的孢丝为灰球菌型，而非马勃型（Calonge，1998）。该种担孢子形态和饰纹与 *Disciseda verrucosa* G. Cunn. 相似，区别在于后者担孢子表面的圆柱状突起较高，可达 2 μm，孢子也较大，直径 8.5~10 μm，且内包被基部呈黄褐色至红褐色。

该种的主要特征是内包被白色至浅灰色，担孢子直径小于 5 μm，具明显圆柱状且顶端弯曲的饰纹和极短小柄。

白脱盖马勃　图 30　图版 V -28

Disciseda candida (Schwein.) Lloyd, Mycol. Writ. 1: 100. 1902.

Bovista candida Schwein., Schr. naturf. Ges. Leipzig 1: 59. 1822.

Bovista circumscissa Berk. & M.A. Curtis, Grevillea 2(no. 16): 50. 1873.

Catastoma circumscissum Berk. & M.A. Curtis, J. Cincinnati Soc. Nat. Hist. 14: 142, 1892.

Disciseda circumscissa (Berk. & Curt.) Hollós, Term. Feuz. 25: 102. 1902.

Disciseda candida var. *calva* Z. Moravec, Sydowia 8(1-6): 282. 1954.

Disciseda calva (Z. Moravec) Z. Moravec, Fl. *ČSR*, B-1, Gasteromycetes: 384. 1958.

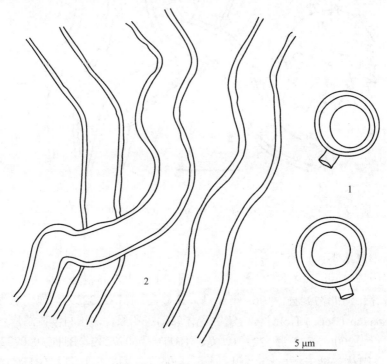

图 30　白脱盖马勃 *Disciseda candida* (Schwein.) Lloyd（BJTC 06072236）
1. 担孢子；2. 孢丝

担子果近扁球形或盘状，直径 1~1.6 cm。外包被由菌丝、土壤碎屑与沙砾交织而成，质硬。担子果成熟后，外包被大部分脱落，仅残留一杯垫状结构；内包被白色至较浅的灰色、厚、膜质。顶端中央具一顶孔，形状不规则，边缘不整齐，多呈流苏状，内包被由薄壁菌丝组成，菌丝浅黄褐色，带淡绿色光泽，具隔，粗细不均匀，直径 1~5 μm。孢体成熟时粉末状，褐色。孢丝马勃型，偶见二叉分支，弯曲，浅黄褐色，表面光滑，直径 2.5~4 μm，具纹孔。担孢子球形，直径 4~5 μm，光镜下孢子表面几乎光滑，扫描电镜下可见稀疏的疣状、偶呈小圆柱状的突起，红褐色，内含一大油滴，具小柄，长0.5~1 μm。

模式标本产于北美洲。

分布：中国(内蒙古、新疆)；澳大利亚，美国，新西兰；欧洲，北美洲，南美洲。

标本研究：内蒙古锡林郭勒大草原，2006 年 7 月，范黎(BJTC 06072236)，2006年 7 月 22 日，范黎(BJTC 06072205)；锡林郭勒大草原云杉自然保护区附近，2006 年 7 月 22 日，范黎(BJTC 06072209)，赵会珍(BJTC 06072219)；锡林郭勒大草原生态系统定位研究站附近草原，2006 年 7 月 21 日，胥艳艳(BJTC 06072104)； 锡林浩特附近草原，胥艳艳(BJTC 06072301，BJTC 06072302)。新疆伊犁巩留县库尔德宁草场，2006年 7 月 31 日，范黎、胥艳艳(BJTC 06073118)。

讨论：该种担子果宏观特征与草场脱盖马勃 Disciseda bovista 相似，区别在于后者担孢子表面在光镜下具明显的圆柱状突起，而非几乎光滑，且担孢子明显较大，为 7~8 μm；该种的担孢子在光镜下与 Disciseda anomala (Cooke & Massee) G. Cunn. 的相近，但后者担子果的顶孔为管状且形状规则。

白脱盖马勃的主要特征是担子果的内包被灰色，顶孔形状不规则，边缘多呈流苏状，孢丝马勃型，担孢子表面在光镜下几乎光滑，扫描电镜下可见稀疏的疣状、偶呈小圆柱状的突起。

脱盖马勃　图 31　图版 V-29

Disciseda cervina (Berk.) G. Cunn., Proc. Linn. Soc. N.S.W. 52(3): 238. 1927. Tai, Sylloge Fungorum Sinicorum p. 451, 1979. Liu, The Gasteromycetes of China, p. 93, 1984. Bi, Zheng, Li & Wang, Macrofungus Flora of the Mountainous District of North Guangdong, p. 338, 1990.

Bovista cervina Berk., Ann. Mag. nat. Hist., Ser. 1 9: 447. 1842.

B. debreciensis (Hazsl.) De Toni, *in* Berlese, De Toni & Fischer, Syll. fung. (Abellini) 7: 476, 1888.

担子果近扁球形或盘状，直径 3~4 cm，外包被由菌丝、土壤碎屑与沙砾交织而成，质硬。担子果成熟后，外包被大部分脱落，仅残留一杯垫状结构；内包被灰色至灰白色，厚、膜质。顶端中央具一顶孔，形状不规则，边缘不整齐，多呈流苏状，内包被由薄壁菌丝组成，菌丝浅黄褐色，带淡绿色光泽，具隔，粗细不均匀，直径 1~5 μm。孢体成熟时粉末状，褐色。孢丝马勃型，偶见二叉分支， 弯曲，浅黄褐色，表面光滑，直径4~5.6 μm，纹孔无。担孢子球形，直径 5~6.5 μm，光镜下孢子表面近光滑至有不甚明显的疣状或极小刺状的突起，扫描电镜下可见疣状或小刺状突起，红褐色，内含一大油滴，具小柄，长 0.5~1.0 μm。

模式标本产于欧洲。

分布：中国(内蒙古、新疆)；印度，澳大利亚，新西兰；欧洲，北美洲。

标本研究：内蒙古锡林郭勒大草原生态系统定位研究站附近牧场，2006 年 7 月 22日，范黎(BJTC 06072214)，2006 年 7 月 23 日，范黎(BJTC 06072350)；锡林郭勒大草原云杉自然保护区附近，2006 年 7 月 22 日，范黎(BJTC 06072212)。新疆阿勒泰布尔津，牧场，海拔 1190 m，2006 年 6 月 8 日，范黎（BJTC 06060826）。

讨论：脱盖马勃 *Disciseda cervina* 与脱盖马勃属中外包被为白色、灰色的种类很容易混淆，如白脱盖马勃 *Disciseda candida* 和 *Disciseda anomala*。白脱盖马勃的担子果多呈白色，少数浅灰色，担孢子在光镜下几乎是光滑的，脱盖马勃的担子果多呈灰色，担孢子在光镜下具有疣状或小刺状突起。脱盖马勃与 *D. anomola* 均有灰色的包被，光滑或稍粗糙的孢子，但后者担子果的孔口为管状，脱盖马勃的孔口边缘呈流苏状，绝不管状。

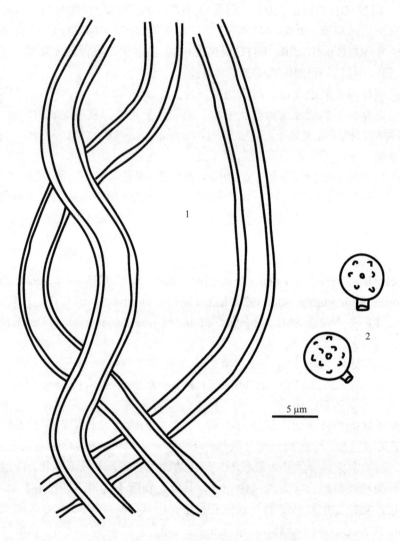

图 31　脱盖马勃 *Disciseda cervina* (Berk.) G. Cunn.（BJTC 06072212）
1. 孢丝；2. 担孢子

地生脱盖马勃　图 32　图版 V-30

Disciseda hypogaea (Cooke & Massee) G. Cunn., Proc. R. Soc. N. S. W. 52 (3): 240. 1927.

　　Xu, Zhao, Liu & Fan, Two new records of *Disciseda* in China, 26(2): 180, 2007.

Bovista hypogaea Cooke & Massee, Grevillea. 20(no. 94): 35. 1891.

Catastoma hypogaeum (Cooke & Massee) Lloyd, Mycol. Writ. (7): 27. 1905.

担子果近扁球形，直径 1.5~2.5 cm。外包被由菌丝、土壤碎屑与沙砾交织而成，质硬，担子果成熟后，外包被大部分脱落，仅残留一杯垫状结构；内包被灰色，磨损部位或保存较久的标本，灰色表面部分脱落后呈褐色，厚、膜质。顶端中央具一顶孔，形状不规则，边缘不整齐，多呈流苏状，内包被由薄壁菌丝组成，菌丝浅黄褐色，带淡绿色光泽，直径 2~5 μm。孢体成熟时粉末状，褐色。孢丝马勃型，偶见二叉分支，弯曲，浅黄褐色，表面光滑或有时粗糙，隔膜偶见，直径 2.5~4 μm，纹孔无。担孢子球形，直径 7~8 μm（包括孢子表面饰纹），光镜下具明显基部宽、顶端平截的突起，有时刺状，高 0.6~1 μm，扫描电镜下突起由基部分离、顶端聚集的棱组成，因棱柱数量的多寡使突起顶端呈平截或刺状，红褐色，内含一大油滴，具小柄，小柄长 0.5~2.5 μm。

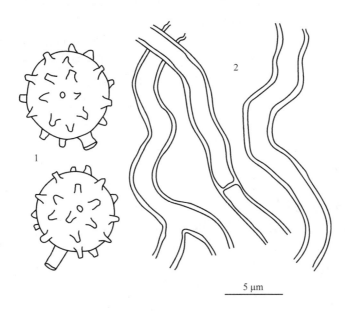

图 32　地生脱盖马勃 *Disciseda hypogaea* (Cooke & Massee) G. Cunn.（HMAS 34015）

1. 担孢子；2. 孢丝

模式标本产于澳大利亚。

分布：中国（内蒙古、青海）；澳大利亚。

标本研究：内蒙古锡林郭勒盟阿巴哈纳尔旗，1964 年 7 月，蒋广正［HMAS 34015，原定名为脱盖马勃 *Disciseda cervina* (Berk.) Holl.］；锡林郭勒草原云杉自然保护区，2006 年 7 月 22 日，胥艳艳（BJTC 06072215，BJTC 06072218）；锡林郭勒草原生态系统定位研究站附近牧场，2006 年 7 月 20 日，范黎（BJTC 06072008）；2006 年 7 月 21 日，范黎（BJTC 06072122）。青海海晏，1958 年 7 月 5 日（HMAS 27047）。

讨论：该种担子果宏观特征与脱盖马勃 *Disciseda cervina* 相似，但后者担孢子直径 5~6.5 μm，在光镜下饰纹不显著，仅具细小的突起（Ahmad，1950）。草场脱盖马勃 *Disciseda bovista* 的担孢子表面在光镜下具明显的突起，有时易与地生脱盖马勃 *Disciseda hypogaea* 混淆，但前者的饰纹在光镜下多圆柱状，扫描电镜下呈指状，顶端弯曲，突起间有时分布有小的疣突（Bottomley，1948；Calonge，1998）。

该种的主要特征是内包被灰色，磨损部位或保存较久的标本，灰色表面部分脱落后呈褐色。顶孔形状不规则，孢丝马勃型，担孢子在光镜下具明显基部宽、顶端平截的突起，扫描电镜下突起由基部分离、顶端聚集的棱柱构成，因棱柱数量的多寡使突起顶端呈平截或刺状。

马勃属 Lycoperdon Pers.

Ann. Bot. (Usteri) 1: 4. 1794.

Capillaria Velen., Novitates Mycologicae Novissimae: 93. 1947.
Lycoperdon subgen. *Utraria* (Quél.) Jeppson & E. Larss., Mycol. Res. 112(1): 12. 2008.
Utraria Quél., Mém. Soc. Émul. Montbéliard, Sér. 2 5: 366. 1873.

担子果球形或梨形，无柄至具多少发达的假柄，直径 1~5 cm，高 1~8 cm。外包被由球形细胞组成，成熟过程中形成颗粒、疣、丛毛、细刺或鳞片等，永存或脱落，有时在内包被表面留下网纹；内包被由菌丝组成，纸质，顶端具孔口，表面光滑或具网纹。不孕基部小至发达，海绵状。孢体成熟时粉末状至多少棉絮状，由孢子、孢丝组成，有时具拟孢丝。孢丝马勃型，直至波曲，具弹性，简单或分支，厚壁，无隔或偶具隔，纹孔有或无。拟孢丝透明，薄壁，具隔，无纹孔。担孢子球形至近球形，光镜下多具疣，少数光滑，小柄短或长，有时难于观察。

生境：单生或群生于田野、草原和树林。

模式种：*Lycoperdon perlatum* Pers.。

《菌物词典》第十版(Kirk et al.，2008)记载该属 50 种，中国产 13 种。

本属以担子果顶端具孔口、不孕基部发达、孢丝马勃型为主要特征。马勃属与秃马勃属 *Calvatia* 较为相似，两者的区别在于包被的开裂方式，前者为在包被顶端形成一个孔口，后者为包被上半部不规则开裂且开口较大。马勃属与灰球菌属 *Bovista* 有时也易于混淆，但后者的担子果常缺乏不孕基部、孢丝为灰球菌型。

中国马勃属 *Lycoperdon* 的分种检索表

1. 担子果朽木上生，担孢子光镜下光滑，孢丝无纹孔 ·· 梨形马勃 *L. pyriforme*
1. 担子果地上生，担孢子光镜下多具饰纹，孢丝多具纹孔 ·· 2
    2. 外包被颗粒状 ·· 青紫马勃 *L. lividum*
    2. 外包被刺状或光滑 ·· 3
3. 外包被脱落后在内包被表面留下网纹 ·· 4
3. 外包被脱落后在内包被表面不留网纹 ·· 5
    4. 外包被具褐色长刺，达 0.3~0.6 cm，顶端弯曲 ······································ 长刺马勃 *L. echinatum*
    4. 外包被具黄白色短刺，周围被细小的圆形疣环绕，顶端直 ············ 网纹马勃 *L. perlatum*
5. 外包被具细长的刺，长 0.4~0.6 cm ·· 细刺马勃 *L. pulcherrimum*
5. 外包被非如上述 ·· 6
    6. 担子果不孕基部发达呈假柄状，长 6~7 cm，担孢子球形或多角卵圆形 ·· 长柄马勃 *L. longistipes*
    6. 担子果非如上述 ·· 7
7. 外包被呈片状脱落，下半部常永存 ·· 白被马勃 *L. marginatum*
7. 外包被非如上述 ·· 8
    8. 外包被具颗粒和细刺 ··· 9

    8. 外包被光滑或具细刺 ··· 11

9. 孢丝纹孔大量 ·· **软马勃 *L. molle***

9. 孢丝无纹孔 ··· 10

    10. 担孢子光镜下具显著疣，顶端多少平截，扫描电镜下疣呈圆柱状至钉状 ····································

                                                     兰宾马勃 *L. lambinonii*

    10. 担孢子光镜下疣呈明显的圆锥形，扫描电镜下疣呈圆柱状或圆锥状 ····································

                                                 黑紫马勃 *L. atropurpureum*

11. 外包被呈菌幕状，易脱落 ·· **乳形马勃 *L. mammiforme***

11. 外包被非如上述 ·· 12

    12. 外包被具细刺，内包被光滑 ·· **暗棕马勃 *L. umbrinum***

    12. 外包被光滑或被柔毛，内包被具不规则斑纹 ··················· **裂纹马勃 *L. rimulatum***

黑紫马勃　图 33　图版VI-31

Lycoperdon atropurpureum Vittad., Monogr. Lycoperd.: 42. 1842. Teng, Fungi of China,
    p. 669, 1963. Tai, Sylloge Fungorum Sinicorum p. 527, 1979. Liu, The Gasteromycetes
    of China, p. 78, 1984.

Lycoperdon molle var. *atropurpureum* (Vittad.) F. Šmarda, Fl. *ČSR*, B-1, Gasteromycet.: 350.
    1958.

    担子果近球形、陀螺形、梨形，直径 2~5 cm，高 2~6.5 cm，具分支的根状菌索。外包被形成细弱或直立的刺，后部分多少颗粒状，初白色至近白色，后变为淡黄褐色至褐色，明亮，常局部覆盖以淡的红紫色，使包被显示多少淡红色，刺独立或顶端数个聚合，位于包被顶端的脱落后露出光滑的内包被；内包被淡黄色至黄白色，有时污白色，光滑，有时多少具粉粒，纸质，顶端具孔口，撕裂状。不孕基部小至发达，黄白色、极浅的红褐色，明亮，海绵状。孢体成熟时粉末状至多少棉絮状，深紫褐色至黑紫色。孢丝马勃型，直至波曲，具弹性，分支少，末端长且渐狭，红褐色，光滑或有时局部稍粗糙，无隔，直径 4~9.5 μm，壁厚至 1~1.5 μm，纹孔无或偶见。拟孢丝缺乏。担孢子球形，直径 4~6.5 μm，光镜下具明显的圆锥形疣，有时多少柱状，扫描电镜下疣呈圆柱状或圆锥状，顶端圆，多分散，有时 2~4 个顶端聚合，红褐色，中央具一油滴，具短柄，小梗碎片大量存在。

    模式标本产地不详。

    分布：中国（北京、河北、江西、四川、贵州、云南、西藏、陕西、甘肃、青海）；英国，瑞典；北美洲。

    标本研究：北京，地上生，1990 年 7 月，周云龙 5（HMAS 61148，原定名为 *Lycoperdon umbrinum* Pers.），周云龙 6（HMAS 61151，原定名为 *L. umbrinum*），周云龙 8（HMAS 61152，原定名为 *L. umbrinum*）；百花山，杨树林地上，1964 年 8 月 22 日，宗毓臣、余永年等 148（HMAS 34092，原定名为 *L. umbrinum*）；百花山，杨树青松林地上，1964 年 9 月 13 日，郑儒永、宗毓臣 331（HMAS 33990，原定名为 *L. umbrinum*）；百花山顶，腐叶上，1957 年 8 月 10 日，马启明 1374（HMAS 23943，原定名为 *L. umbrinum*）；东灵山，地上生，1998 年 9 月 16 日，文华安、卯晓岚、孙述霄 98404（HMAS 73133，原定名为 *L.umbrinum*）；东灵山科研沟，地上生，1998 年 9 月 16 日，文华安、孙述霄、卯晓岚 98399（HMAS 73166，原定名为 *L. umbrinum*）。河北百花山，1956 年 9 月 23 日，

王云章、徐连恒、韩树金 86(HMAS 28250，原定名为 *L.umbrinum*)；百花山平台，桦木林中地上，海拔 1200 m，1964 年 9 月 1 日、宗毓臣 18a(HMAS 34021)；小五台山，1935 年 8 月，邓祁坤 11814(HMAS 17473，原定名为 *L. umbrinum*)；小五台山北台，1990 年 8 月 27 日，文华安、李滨 175(HMAS 66103，原定名为 *L. umbrinum*)。江西，1935 年 9 月 3 日，E. Licent 5073(HMAS 29212)；江西，海拔 1500 m，1916 年 7 月 26 日，E. Licent 459(HMAS 29081)。四川米亚罗夹壁沟，混交林中小路旁，1960 年 9 月 20 日，马启明等 1179(HMAS 30641，原定名为 *L. umbrinum*)；米亚罗，1958 年 7 月 28 日，胡琼玲 209(HMAS 27248，原定名为 *L. umbrinum*)；米亚罗夹壁沟，混交林中地上，海拔 3000 m，1960 年 9 月 20 日，马启明等 1242(HMAS 30512，原定名为 *L. umbrinum*)；青城山天师洞，1960 年 8 月 18 日，马启明(HMAS 30513，原定名为 *L. umbrinum*)；青城山天师洞，海拔 1100 m，林中地上，1960 年 8 月 13 日，马启明等 725(HMAS 30511，原定名为 *L. umbrinum*)；大巴山，1958 年 9 月，余永年、邢延苏 1282a(HMAS 27213)；稻城巨龙，海拔 3600 m，1984 年 8 月 11 日，袁明生 572(HKAS 15718，原定名为 *L. umbrinum*)；平武县(南坪与平武交界处)冷杉林下，海拔 3150 m，1986 年 9 月 21 日，郗建勋 693(HKAS 19556)；乡城县热打乡尼丁峡谷，海拔 3600 m，2004 年 7 月 16 日，杨祝良 4134a(HKAS 45520)。 贵州梵净山江口县，1988 年 7 月 8 日，臧穆 11493(HKAS 20868)。云南昆明西山，地上生，1938 年 7 月，周家炽(HMAS 01960，原定名为 *Lycoperdon astrospormum* Durieu & Mont.)；昆明，林中地上，1999 年 9 月，卯晓岚(HMAS 78191，原定名为 *Lycoperdon* sp.)；云南，1964 年 12 月 16 日，陈庆涛 131b(HMAS 34605)；碧江高黎贡山古宝峰地下，海拔 2200 m，1978 年 7 月 14 日，臧穆 4082(HKAS 4082)；独龙江乡献九当村，海拔 1500 m，木生，1982 年 8 月 23 日，臧穆 3143(HKAS12234，原定名为 *Lycoperdon perlatum* Pers.)；丽江玉龙山干海子，海拔 3400 m，1985 年 8 月 6 日，臧穆 10363(HKAS 15241，原定名为 *Lycoperdon spadiceum* Pers.)；丽江玉龙山黑白水森林，海拔 3000 m，1986 年 9 月 7 日，臧穆 10813(HKAS 17864，原定名为 *Lycoperdon pratense* Pers.)；屏边大围山保护区，海拔 2100 m，朽木上，1992 年 7 月 4 日，刘培贵 1252(HKAS 25940，原定名为 *Lycoperdon gemmatum* Fr.)；中甸大宝寺，海拔 3200 m，云杉林下，1993 年 9 月 20 日，臧穆 12013(HKAS 27011)；中甸红山，海拔 3700 m，2005 年 8 月 8 日，梁俊峰 263(HKAS 48879)。西藏米林县，林中地上，海拔 2400 m，1982 年 10 月 4 日，卯晓岚 727(HMAS 53365)；波密县，林中地上，海拔 2300 m，1982 年 10 月 7 日，卯晓岚 822(HMAS 53366)；左贡县，1976 年 8 月 31 日，宗毓臣等 512(HMAS 39344)；昌都县朱格村附近山上，海拔 4200 m，森林山坡云杉林下，2004 年 8 月 7 日，杨祝良 4315(HKAS 45694)；墨竹工卡县日多乡距米拉山口 250 km 处，海拔 3950~4100 m，2006 年 9 月 2 日，梁俊峰 493(HKAS 51204)；墨脱县波客德烘附近北坡，海拔 4160 m，1982 年 9 月 5 日，苏永革 870(HKAS 16028，原定名为 *L. perlatum*)；墨脱县格当崩崩拉岸西坡 Tusga，1982 年 10 月 17 日，苏永革 1541(HKAS 16282，原定名为 *Lycoperdon fulgineum* Berk. & M.A. Curtis)。陕西郿县太白山，张士俊 677(HMAS 26231，原定名为 *L. umbrinum*)；太白山蒿坪寺后山，阔叶林中地上，海拔 1200 m，1963 年 10 月 6 日，马启明、宗毓臣 3556(HMAS 33219，原定名为 *L. umbrinum*)；太白山跑马梁，海拔 3600 m，1963 年 7 月 30 日，马启明、宗毓臣

2715（HMAS 33273）。甘肃天水县东岔乡白杨林沟，地上生，1958 年 8 月 4 日，杨玉川
472（HMAS 27247，原定名为 *L. umbrinum*）。青海门源县，松林地上，1936 年 8 月 29
日，刘继孟 6874（HMAS 17472，原定名为 *L. umbrinum*）；门源照壁山，云杉林下地上，
海拔 2800 m，1958 年 7 月 21 日，马启明 328（HMAS 23771）；祁连银平台，云杉林中
地上，海拔 3100 m，1958 年 8 月 22 日，马启明 671（HMAS 27246，原定名为 *L. umbrinum*）；
祁连峨堡，针叶林中地上，海拔 3000 m，1996 年 8 月 1 日，卯晓岚、孙述霄、文华安
9038（HMAS 81670）；乐都小西沟，阔叶林腐木上，海拔 2700 m，1959 年 9 月 14 日，
邢俊昌、马启明 1718（HMAS 26592）；乐都小西沟，林下腐土上，海拔 2800 m，1959
年 9 月，邢俊昌、马启明 1717（HMAS 26600，原定名为 *L. umbrinum*）。

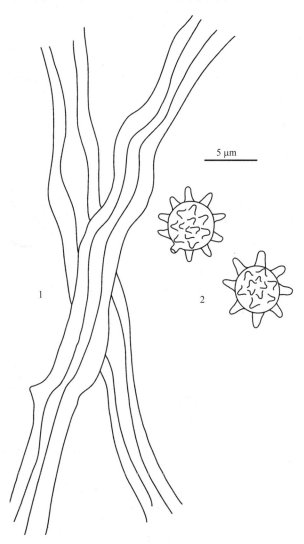

图 33　黑紫马勃 *Lycoperdon atropurpureum* Vittad.（HMAS 23771）

1. 孢丝；2. 担孢子

　　讨论：该种尤其是老熟标本因外包被失去其淡红色而易与软马勃 *Lycoperdon molle*
混淆，可根据显微特征区别两者。软马勃的孢丝黄褐色，具大量易于观察的纹孔，担孢

子表面的疣呈不规则柱状，扫描电镜下担孢子的饰纹完全不同于黑紫马勃。另一个与黑紫马勃较为相似的种是暗棕马勃 *Lycoperdon umbrinum*，我国标本馆馆藏的许多标本被定为该种。两者间的区别在于暗棕马勃的外包被黄褐色、暗褐色至黑褐色，孢丝具大量纹孔，担孢子光镜下微粗糙至具细小的疣，扫描电镜下疣亦呈圆柱状，但极短小。

  Calonge (1998) 描述该种孢丝的纹孔呈点状，其多寡与孢体的发育程度及孢丝在孢体中的部位（中央或边缘）有关，Demoulin (1972) 等学者描述该种的纹孔较少，多见于位于孢体中央的孢丝，我国的标本显示纹孔极难观察，无或偶见且常见于孢体中央的孢丝。

长刺马勃　图34

Lycoperdon echinatum Pers., Ann. Bot. (Usteri) 1: 147. 1794. Teng, Fungi of China, p. 671, 1963. Tai, Sylloge Fungorum Sinicorum p. 527, 1979. Liu, The Gasteromycetes of China, p. 80, 1984. Dai & Li, Fungi blog of Ganzi, Sichuan, p. 306, 1994.

Lycoperdon gemmatum var. *echinatum* (Pers.) Fr., Syst. mycol. (Lundae) 3(1): 37. 1829.

Lycoperdon hoylei Berk. & Broome, Ann. Mag. nat. Hist., Ser. 4, 7: 430. 1871.

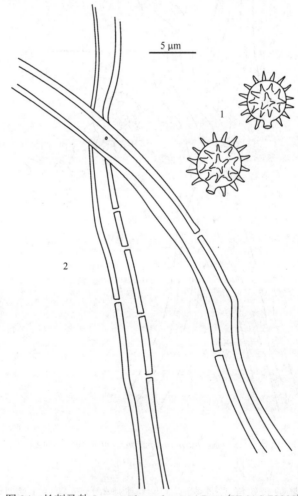

图34　长刺马勃 *Lycoperdon echinatum* Pers.（HMAS 72900）

1. 担孢子；2. 孢丝

担子果近球形、倒卵形至梨形，直径 2~4 cm，高 2~3.5 cm，具白色的根状菌索。外包被形成密集的长刺，长达 0.3~0.6 cm，初白色至近白色，后变为暗褐色，刺的顶端多少弯曲，常 3~4 个聚合，老熟后位于包被顶端至上半部的刺常脱落并在内包被的表面留下明显的网纹，位于包被下半部的刺永存；内包被明亮的褐色至暗褐色、紫褐色，具明显的多角形网纹，纸质，顶端具孔口，撕裂状。不孕基部小至发达，浅紫灰色至淡褐色，有时黄白色，海绵状。孢体成熟时粉末状至多少棉絮状，紫褐色至橄榄色，常带紫色。孢丝马勃型，直至波曲，具弹性，分支，末端长且渐狭，淡褐色至黄褐色，表面光滑，无隔，直径 3~6.5 μm，壁厚至 0.8~1 μm，纹孔大量。拟孢丝缺乏。担孢子球形，直径(3.5~)4~5 μm，光镜下具明显的疣，顶端锐，密布，扫描电镜下呈不规则排列的、连续的片状棱脊，淡褐黄色，中央具一油滴，具短柄，小梗碎片缺乏或存在。

模式标本产地不详。

分布：中国(北京、安徽、湖北、四川)；英国，德国，意大利，瑞典，瑞士，芬兰，比利时，斯洛伐克，美国，西班牙。

标本研究：北京东灵山，地上生，1995 年 8 月 12 日，刘晓娟、黄永青(HMAS 72900)。安徽黄山，阔叶林中地上，1957 年 8 月 30 日，邓叔群 5234(HMAS 21409)。湖北巴东绿葱坡，地上生，1958 年 9 月 19 日，陈庆涛、梁林山 1020(HMAS 27217)。四川米亚罗，1958 年 7 月 24 日，胡琼玲(HMAS 27218)；西昌热衣乡，海拔 3500 m，1998 年 7 月 19 日，杨祝良 2392(HKAS 32223)；红原康乐乡刷马路口云杉 Picea 林，海拔 3500 m，1998 年 8 月 16 日，袁明生 3776(HKAS 33629)。

讨论：长刺马勃的宏观特征与细刺马勃 Lycoperdon pulcherrimum Berk. & M.A. Curtis 非常相似，但细刺马勃的刺较柔软，内包被表面没多角形的网纹，担孢子表面的疣较稀疏且小，扫描电镜下则两者完全不同。

兰宾马勃 图 35 图版VI-32

Lycoperdon lambinonii Demoulin, Lejeunia, n.s. 62: 13. 1972.

Lycoperdon lambinonii var. *quercetorum* Kreisel, Feddes Repert. Spec. Nov., Beih. 87(1-2): 99. 1976.

担子果近球形、陀螺形、梨形，直径 1~3.5 cm，高 2~5 cm，具分支的根状菌索。外包被形成颗粒和短小的细刺，初白色至近白色，后变为淡黄色、黄褐色至褐色，刺的顶端常数个聚合，多数永存，老熟标本中位于包被顶端的刺有时部分缓慢脱落后露出光滑的内包被；内包被淡黄色至黄褐色，明亮，光滑，纸质，顶端具孔口，撕裂状。不孕基部发达，浅黄白色至黄白色，海绵状。孢体成熟时粉末状至多少棉絮状，白黄色至橄榄褐色。孢丝马勃型，直至波曲，具弹性，分支，末端长且渐狭，黄褐色至褐色，表面光滑，无隔，直径 4~7 μm，壁厚至 0.8 μm，纹孔缺乏，或偶见但难于观察。拟孢丝缺乏。担孢子球形，直径 3.5~4.5 μm，光镜下具显著疣，顶端多少平截，扫描电镜下疣呈圆柱状至钉状，独立或少数顶端连接，淡黄褐色，中央具一油滴，具短柄，小梗碎片大量存在。

模式标本产于比利时。

分布：中国(北京、河北、内蒙古、四川、云南、西藏、甘肃、新疆)；美国；欧洲。

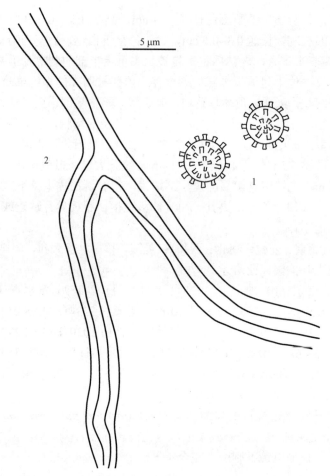

图 35　兰宾马勃 *Lycoperdon lambinonii* Demoulin（HMAS 27241）

1. 担孢子；2. 孢丝

标本研究：北京百花山，桦树林地上，海拔 110 m，1964 年 9 月 15 日，郑儒永、宗毓臣 395（HMAS 34093，原定名为 *Lycoperdon umbrinum* Pers.）；百花山秋林铺松树岑，腐叶上，1957 年 9 月 12 日，马启明 1729（HMAS 23945，原定名为 *L. umbrinum*）；怀柔雁栖湖镇，2003 年 4 月 19 日，邓辉等 DH390（HMAS 86609，原定名为 *Lycoperdon* sp.）。河北东灵山，1935 年（HMAS 17474，原定名为 *L. umbrinum*）。内蒙古大青山金銮殿白桦林下，海拔 2150 m，1988 年 8 月 20 日，刘培贵 430（HKAS 21414）。四川，余永年、邢延苏 1397（HMAS 27214，原定名为 *Lycoperdon atropurpureum* Vittad.）；雅江县，1983 年 8 月 6 日，宣宇 389（HKAS 12388，原定名为 *Lycoperdon pratense* Pers.）；八塘海子山，海拔 4100 m，1983 年 7 月 29 日，宣宇 256（HKAS 12490，原定名为 *L. pratense*）；小金日隆乡双桥沟桦木 *Betula* sp. 树干上，海拔 3400 m，1996 年 8 月 23 日，袁明生 2493（HKAS 30949，原定名为 *L. pratense*）。云南保山，海拔 2300 m，1959 年 9 月 24 日，王庆之 1383（HMAS 26599，原定名为 *Lycoperdon pyriforme* Schaeff.）；云南，地上生，1959 年 9 月 24 日，王庆之 1385（HMAS 27241，原定名为 *L. pyriforme*）。西藏易贡林下腐殖土上，1976 年 9 月 9 日，臧穆 836（HKAS 5836，原定名为 *L. pratense*）。甘肃，

1992 年 9 月 3 日，卯晓岚 M6040（HMAS 71647，原定名为 *Lycoperdon perlatum* Pers.）；武都，1992 年 9 月，卯晓岚 M7029（HMAS 61535，原定名为 *Lycoperdon spadiceum* Pers.）。新疆乌鲁木齐县，1985 年 8 月 10 日，曹晋忠、范黎（HMAS 85950，原定名为 *L. umbrinum*）。

讨论：兰宾马勃的外观易与软马勃 *Lycoperdon molle* Pers.和暗棕马勃 *Lycoperdon umbrinum* Pers.混淆，但显微特征完全不同。软马勃的孢丝具大量纹孔，担孢子表面的疣光镜下显著、呈不规则柱状；暗棕马勃的孢丝具大量纹孔，担孢子表面的疣光镜下相对稀疏且小。

青紫马勃　图 36　图版Ⅵ-33

Lycoperdon lividum Pers., J. Bot. (Desvaux) 2: 18. 1809. Teng, Fungi of China, p. 670, 1963. Tai, Sylloge Fungorum Sinicorum p. 528, 1979. Liu, The Gasteromycetes of China, p. 92, 1984. Bi, Zheng, Li & Wang, Macrofungus Flora of the Mountainous District of North Guangdong, p. 339, 1990. Mao, Economic fungi of China, p. 599, 1998. Mao, The Macrofungi in China, p. 544, 2000.

Lycoperdon cervinum Bolton, Hist. fung. Halifax (Huddersfield) 3: 116, tab. 116. 1790 [1789].

Lycoperdon cookei Massee, J. Roy. Microscop. Soc., Ser. 2: 14. 1887.

Lycoperdon spadiceum Pers., J. Bot. (Desvaux) 2: 20. 1809. non *L. spadiceum* Schaeff., Fung. bavar. palat. nasc. (Ratisbonae) 4: 129. 1774.

Lycoperdon fuscum Bonord., Bot. Ztg. 15: 628. 1857.

担子果球形、近球形、扁球形、梨形至具假柄，直径 1~3.5 cm，高 1~5 cm，具分支的根状菌索，基部表面偶具浅沟。外包被光滑至形成颗粒，初白色至近白色，后变为淡黄色、污黄色至褐黄色，偶具淡橘褐色的斑块，颗粒常由平伏的丛毛、细刺或颗粒状疣组成，常部分或大部分缓慢脱落后露出光滑的内包被；内包被淡黄色至黄白色，光滑，明亮，纸质，顶端具孔口，撕裂状。不孕基部小至发达，浅黄白色至黄白色，海绵状。孢体成熟时粉末状至多少棉絮状，白黄色至橄榄褐色。孢丝马勃型，直至波曲，具弹性，分支，末端长且渐狭，黄色至浅褐黄色，表面光滑，有时局部稍粗糙，无隔，直径 4~7.5 μm，壁厚至 0.8 μm，纹孔大量。拟孢丝无或偶见，具隔。担孢子球形至近球形，直径(3.5~)4~5 μm，光镜下具极细小的疣或微粗糙，有时近光滑，扫描电镜下疣呈分散的极短小的圆柱状，顶端圆，黄色至淡褐黄色，中央具一油滴，具短的小柄，有时难于观察。

模式标本产地不详。

分布：中国(北京、内蒙古、吉林、江苏、安徽、江西、广西、海南、四川、贵州、云南、西藏、陕西、甘肃、青海、宁夏、新疆)；澳大利亚，新西兰，英国，美国。

标本研究：北京东灵山，1998 年 9 月 16 日，文华安、孙述霄、卯晓岚 98402（HMAS 75462，原定名为 *Lycoperdon fuscum* Bonord.）；1998 年 9 月 16 日，文华安、孙述霄、卯晓岚 98403（HMAS 75345，原定名为 *Lycoperdon polymorphum* Vittad.）；百花山，1964 年 4 月 15 日，宗毓臣、郑儒永 397（HMAS 34615，原定名为 *Lycoperdon pratense* Pers.）；

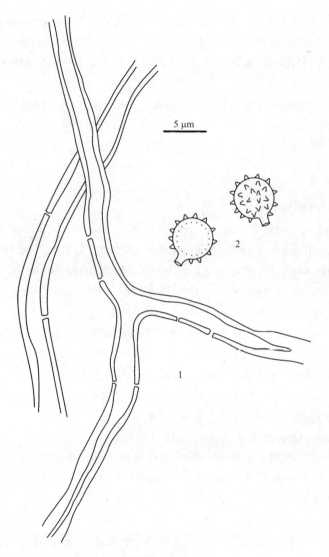

图 36 青紫马勃 *Lycoperdon lividum* Pers.（HMAS 27260）
1. 孢丝；2. 担孢子

地上生，1957 年 9 月 1 日，马启明 1632（HMAS 27260，原定名为 *Lycoperdon wrightii* Berk. & M.A. Curtis.）。内蒙古土默特右旗金銮殿，海拔 2270 m，1988 年 8 月 16 日，刘培贵 462（HKAS 21420，原定名为 *L. polymorphum*）；土默特右旗九峰山七峰，1988 年 7 月 29 日，刘培贵 127（HKAS 21423，原定名为 *L. polymorphum*）。吉林安图县长白山，地上生，海拔 1700 m，1960 年 8 月 8 日，杨玉川等 652（HMAS 28238，原定名为 *L. fuscum*）；安图县长白山，杨玉川、房俊荣等 506（HMAS 28237，原定名为 *L. fuscum*）；安图县白山冰场附近，地上生，海拔 2000 m，1960 年 7 月 31 日，杨玉川、房俊荣、袁福生 478（HMAS 28249，原定名为 *Lycoperdon umbrinum* Pers.）。江苏，1918 年 8 月 19 日，E. Licent 835（HMAS 29219，原定名为 *L. umbrinum*）。安徽黄山，林中地上，1957 年 8 月 30 日，邓叔群 5231（HMAS 20200，原定名为 *L. umbrinum*）。江西黄岗山，1936 年 10 月，邓

祥坤 18174（HMAS 17463，原定名为 *Lycoperdon gemmatum* Batsch.）。广西大明山，地上生，1997 年 12 月 18 日，文华安、孙述霄 3024（HMAS 73465，原定名为 *Lycoperdon pyriforme* Schaeff.）；北海海滨公园，海拔 80 m，1999 年 10 月 10 日，袁明生 4580（HKAS 34860，原定名为 *Lycoperdon pusillum* Batsch）。海南乐东，1988 年 7 月 15 日，Chen Huan-qiang 15434（HMAS 85965，原定名为 *L. fuscum*）。四川小金日隆，海拔 3400 m，1998 年 8 月 16 日，袁明生 3049（HKAS 33614，原定名为 *L. polymorphum*）；红原康乐乡刷马路口，1998 年 8 月 13 日，袁明生 3323（HKAS 33745，原定名为 *L. pyriforme*）；稻城巨龙，冷杉林下，海拔 3800 m，1984 年 8 月 4 日，袁明生 938（HKAS 15342，原定名为 *Lycoperdon spadiceum* Pers.）；大青山林场，虎榛子灌丛阳坡，海拔 1250 m，1988 年 8 月 10 日，刘培贵 339（HKAS 21419，原定名为 *L. polymorphum*）；洪雅柳江，1991 年 8 月 20 日，袁明生 1754（HKAS 25194，原定名为 *L. fuscum*）；康定海螺湾，海拔 2900 m，1996 年 8 月 30 日，袁明生 2529（HKAS 30983，原定名为 *L. perlatum*）。贵州梵净山，阔叶林中地上生，海拔 850 m，1982 年 8 月 17 日，宗毓臣、文华安（HMAS 60307，原定名为 *L. perlatum*）。云南昆明西山，地上生，1938 年 6 月 29 日，周家炽（HMAS 01984。原定名为 *L. fuscum*）；昆明西山，地上生，1938 年 7 月 14 日，周家炽（HMAS 01496，原定名为 *L. fuscum*）；德钦县梅里雪山附近，海拔 4650 m，2000 年 8 月 30 日，杨祝良 3032（HKAS 36549）；昆明植物所分类室苗圃，1998 年 7 月 8 日，王向华 346（HKAS 35815，原定名为 *L. pusillum*）；安宁曹溪寺松林下，1985 年 9 月 20 日，叶国昌 85066（HKAS 14763，原定名为 *L. pratense*）；小中甸林圃云杉林中，海拔 3200 m，1985 年 9 月 6 日，臧穆 10407（HKAS 14807，原定名为 *L. pratense*）；贡山县，丙中洛，桃花岛，海拔 1600 m，2001 年 9 月 7 日，王向华 1388（HKAS 39289）；景东哀牢山徐家坝，海拔 2300 m，臧穆 14143（HKAS 41049，原定名为 *L. pyriforme*）；盈江县铜壁关附近，海拔 1400 m，2003 年 7 月 13 日，杨祝良 3649（HKAS 42789，原定名为 *L. pusillum*）；盈江县那帮镇，海拔 350 m，2003 年 7 月 11 日，王岚 54a（HKAS 43152）；云南省，海拔 1900 m，2003 年 7 月 15 日，王岚 120（HKAS 43216，原定名为 *L. pusillum*）；昆明植物园山顶，海拔 1980 m，2005 年 10 月 12 日，赵金全 05-28（HKAS 49908，原定名为 *L. pyriforme*），彝良县，木杆乡，汇口保护区，1998 年 9 月 21 日，杨祝良 2530（HKAS 32102，原定名为 *L. pyriforme*）；彝良县木杆乡，海拔 1800 m，1998 年 9 月 20 日，杨祝良 2547（HKAS32103，原定名为 *L. spadiceum*）。西藏波密县贡目龙海，针叶林地上，1982 年，卯晓岚 822（HMAS 53264，原定名为 *L. spadiceum*）；林芝八一镇生态所，1995 年 7 月 19 日，文华安、孙述霄 192（HMAS 71506，原定名为 *L. pyriforme*）；类乌齐县桑多村附近山上，海拔 3900 m，2004 年 8 月 11 日，葛再伟 330（HKAS 46110）；朗县甲格林下土上，海拔 625 m，2004 年 8 月 10 日，L.F.Zhang332（HKAS 5332，原定名为 *L. pyriforme*）；甲格土上，1975 年 7 月 26 日，臧穆 355（HKAS5355，原定名为 *Lycoperdon pratense* Pers.）；易贡阔叶林下苔藓层，林下土上，1976 年 9 月 9 日，臧穆 866（HKAS 5866，原定名为 *L. fuscum*）；易贡阔叶林下，1976 年 9 月 9 日，臧穆 868（HKAS5868，原定名为 *L. fuscum*）。陕西汉中，地上生，1991 年 9 月，卯晓岚 M3996（HMAS 61704，原定名为 *Lycoperdon foetidum* Bonord.）。甘肃，1992 年 9 月 3 日，卯晓岚 M6051（HMAS 71704，原定名为 *Lycoperdon pyriforme* var. *excipuliforme* Desm.）。青海大通，地上生，1996 年

8月13日，卯晓岚、孙述霄、文华安9192（HMAS 81718，原定名为*L. fuscum*）；海晏塔塔滩，海拔3200 m，1958年7月6日，马启明123（HMAS 23940，原定名为*L. polymorphum*）；海晏塔塔滩南，1958年7月6日，马启明100（HMAS 32525，原定名为*L. polymorphum* Vitt.）；皇源，草地上，海拔3100 m，1958年9月10日，马启明934（HMAS 27235，原定名为*L. polymorphum*）；祁连拉东沟，云杉林中地上，海拔2860 m，1958年8月18日，马启明522（HMAS 27220，原定名为*L. fuscum*）。宁夏六盘山二龙河，混交林中地上，1997年8月23日，文华安、孙述霄24-1（HMAS 72872，原定名为*L. fuscum*）。新疆北木扎尔特谷地，海拔2100 m，1978年7月，孙述霄、文华安、卯晓岚591（HMAS 39220，原定名为*L. polymorphum*）。

讨论：青紫马勃在中国分布广泛。该种的外包被与*Lycoperdon rimulatum* Peck 及其相似，但后者的担孢子在光镜下具有显著的疣，据此可将两者相区分。梨形马勃*Lycoperdon pyriforme* Schaeff.的担子果老熟后有时也具有多少光滑的外包被，但该种通常朽木上生，且孢丝没有纹孔。

长柄马勃　图37

Lycoperdon longistipes M. Zang & M.S. Yuan [as 'longistipum'], Acta bot. Yunn. 21(1): 41. 1999.

担子果球形、近球形至陀螺形，具假柄，直径3~4 cm，高8~10 cm。外包被形成小

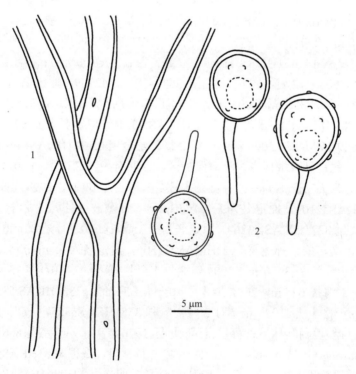

图37　长柄马勃 *Lycoperdon longistipes* M. Zang & M.S. Yuan（HKAS 31030）
1. 孢丝；2. 担孢子

疣，位于包被顶端的较大，易脱落，初白色至近白色，老熟后变为赭黄色至烟褐色；内包被赭黄色、暗紫褐色，光滑，纸质，顶端具孔口，撕裂状。不孕基部发达，浅黄白色至黄白色，海绵状，长 6~7 cm，宽 1~2 cm。孢体成熟时粉末状至多少棉絮状，橄榄褐色至暗褐色，常带有淡紫色。孢丝马勃型，直至波曲，具弹性，分支，末端长且渐狭，黄色至浅褐黄色，无隔，直径 3~4.5 μm，具纹孔。拟孢丝无至偶见。担孢子球形、卵圆形，直径 2.6~4.0 μm，光镜下近光滑至具细疣，橄榄褐色，中央具一油滴，具长柄。

模式标本产于中国四川泸定海螺沟。

分布：中国（四川）。

标本研究：四川泸定海螺沟干燥草地上，海拔 3000 m，1996 年 9 月 1 日，袁明生 2561（HKAS 31030）；红原康乐乡，海拔 3500 m，1998 年 8 月 13 日，袁明生 3336（HKAS 33785）；阿坝松潘岷江源冷杉（*Abies* sp.）林下，海拔 3200 m，1999 年 10 月 10 日，臧穆（HKAS 34385）。

讨论：长柄马勃区别于本属其他已知种的主要特征有发达的呈假柄状的不孕基部、球形或多角卵圆形且具长柄的担孢子。该种易与具有发达不孕基部的网纹马勃和梨形马勃相混淆，但网纹马勃的内包被具网纹，担孢子具短柄，梨形马勃生于朽木上，担孢子表面光滑。

乳形马勃　图 38　图版 VI-34

Lycoperdon mammiforme Pers., [as '*mammaeforme*'], Syn. meth. fung. (Göttingen) 1: 146. 1801. Mao, Economic fungi of China, p. 595, 1998. Li & Tolgor, Mushrooms of Changbai Mountains, China, p. 298, 2003. Mao, The Macrofungi in China, p. 544, 2000. Wu, Dai, Li, Yang & Song, Fungi of Tropical China, p. 60, 2011.

Lycoperdon velatum Vittad., Monogr. Lycoperd.: 43. 1842.

担子果梨形，直径 2~4.5 cm，高 3~7 cm，基部菌索不显著。外包被呈菌幕状覆盖整个担子果，初白色，后白色或多少带淡黄色，有时多少带有淡粉色的影子，易脱落，且常片状脱落，此时可观察到有极细小的刺密布于内包被表面，易脱落，位于担子果不孕基部的外包被存留时间稍长；内包被橄榄褐色至铜褐色，亮，光滑，纸质，顶端具孔口，初呈乳突状，开口后撕裂状。不孕基部发达，橄榄褐色或多少浅紫色，海绵状。孢体成熟时粉末状至多少棉絮状，棕褐色。孢丝马勃型，直至波曲，具弹性，分支，末端长且渐狭，褐色，表面光滑，无隔，直径 3.5~5.5 μm，壁厚至 1~1.5 μm，具纹孔。拟孢丝缺乏。担孢子球形，直径 4~5 μm，光镜下具显著的疣，扫描电镜下疣呈柱状，顶端钝圆，独立或有时 2 至数个聚合，淡黄褐色至浅褐色，中央具一油滴，具短柄，有时稍长，小梗碎片大量。

模式标本产地不详。

分布：中国（北京、山西、吉林、江西、湖北、四川、云南、西藏、陕西、青海）；英国；北美洲。

标本研究：北京东灵山小龙门林场，海拔 1100 m，阔叶林中地上，1998 年 8 月 19 日，文华安、孙述霄 98283（HMAS 75232，原定名为 *Lycoperdon umbrinum* Pers.）；东灵山，地上生，1998 年 4 月 15 日，文华安、孙述霄、卯晓岚 98390（HMAS 72881）。山

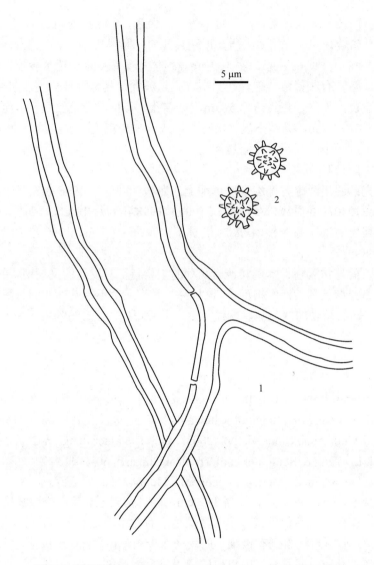

图 38　乳形马勃 *Lycoperdon mammiforme* Pers.（HMAS 78194）

1. 孢丝；2. 担孢子

西陵川，1986 年 9 月，上官铁梁（HMAS 85888，原定名为 *Lycoperdon atropurpureum* Vittad.）。吉林长春市净月潭公园，海拔 220 m，2004 年 8 月 21 日，L.F.Zhang 632（HKAS 11216）。江西武宁，1936 年 8 月，邓样坤 16191（HMAS 17464，原定名为 *Lycoperdon gemmatum* Batsch）。湖北神农架，阔叶林中地上生，2002 年 4 月，陈志刚（HMAS 83640，原定名为 *Lycoperdon* sp.）。四川米亚罗，混交林下地上，海拔 2800 m，1960 年 9 月 26 日，马启明 1449（HMAS 30515，原定名为 *L. umbrinum*）。云南昆明中国科学院植物研究所后山，林中地上，1999 年 9 月，卯晓岚（HMAS 78194）；龙陵雪山村大雪山，海拔 2100 m，2002 年 8 月 29 日，杨祝良 3369（HKAS 41438）；昆明植物所植物园内，海拔 1950 m，2003 年 9 月 10 日，Zheng H-D（HKAS 44204）。西藏珠峰区定结雅拉山，海拔 4600 m，1990 年 8 月 15 日，庄剑云 2900（HMAS 70232，原定名为 *Lycoperdon* sp.）。

陕西汉中，地上生，1991 年 4 月，卯晓岚 M39991（HMAS 61737）。青海乐都鹿角寺，海拔 2900 m，1959 年 9 月 13 日，邢俊署，马启明 1698（HMAS 27212，原定名为 *L. atropurpureum*）；乐都小西沟，1959 年 9 月 10 日，邢俊昌，马启明 1568（HMAS 27249，原定名为 *L. umbrinum*）。

讨论：乳形马勃在其担子果幼小时据外包被的特征即可区别于本属其他已知种。当外包被脱落或担子果老熟后易与软马勃 *Lycoperdon molle* Pers.混淆，但软马勃的担子果绝不紫色，担孢子表面的疣常不规则柱状，顶端在光镜下显示多少平截。

白被马勃　图 39　图版Ⅵ-35

Lycoperdon marginatum Vittad., Monogr. Lycoperd.: 41. 1842. Tai, Sylloge Fungorum Sinicorum p. 528, 1979.

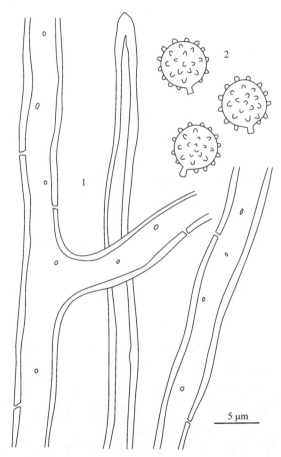

5 μm

图 39　白被马勃 *Lycoperdon marginatum* Vittad.（HMAS 24144）

1. 孢丝；2. 担孢子

担子果常扁，倒卵形、扁球形至梨形，直径 1~5 cm，高 1~3.5 cm，具根状菌索，短，分支，常被大量土壤包裹。外包被形成顶端尖的疣，呈四角锥形，白色，或初白色至近白色，后变为浅的黄白色、淡黄色至浅灰黄色，疣的顶端色深、弯曲或 4~6 个聚合，脱落后在包被表面留下凹痕，外包被顶端或上半部常片状脱落，其余部分常永存；

内包被淡黄色至黄白色，光滑，纸质，表面常覆盖有一层淡黄色至暗褐色的粉粒，顶端具孔口，撕裂状。不孕基部存在或缺乏，浅黄白色至黄白色，海绵状。孢体成熟时粉末状至多少棉絮状，橄榄色至黄褐色。孢丝马勃型，直至波曲，具弹性，分支，末端长且渐狭，黄褐色，表面光滑，无隔，直径 3~5.5 μm，壁厚至 0.8 μm，纹孔大量。拟孢丝偶见，具隔。担孢子球形，直径 4~5 μm，光镜下具细小的疣或微粗糙，扫描电镜下呈圆锥状疣，黄色至淡褐黄色，中央具一油滴，具小柄，小梗碎片缺乏。

模式标本产地不详。

分布：中国（甘肃、青海）；美国，加拿大；欧洲。

标本研究：甘肃迭部，地上生，1992 年 9 月，卯晓岚 M6190（HMAS 61746，原定名为 *Lycoperdon perlatum* Pers.）。青海皇城老虎沟，云杉林下，海拔 3350 m，1958 年 9 月 10 日，马启明 930（HMAS 24144，原定名为 *Lycoperdon gemmatum* Batsch）。

讨论：白被马勃以外包被表面具四角锥形疣、上半部呈片状脱落及覆盖有粉粒的内包被区别于本属其他已知种。

该种的包被外表面与 *Vascellum intermedium* A.H. Sm. 近似，但后者缺乏孢丝，只有拟孢丝。另外两个近似种为 *Lycoperdon calvescens* Berk. & M.A. Curtis 和 *Lycoperdon pulcherrimum* Berk. & M.A. Curtis，但 *L. calvescens* 外包被表面具短刺，刺呈褐色、窄，顶端不聚合；*L. pulcherrimum* 外包被表面的刺细而长，顶端聚合或否。

软马勃　图 40　图版Ⅵ-36

Lycoperdon molle Pers., Syn. meth. fung. (Göttingen) 1: 150. 1801. Teng, Fungi of China, p. 669, 1963. Tai, Sylloge Fungorum Sinicorum p. 528, 1979. Liu, The Gasteromycetes of China, p. 78, 1984. Li, Hu & Peng, Macrofungus Flora of Hunan, p. 361, 1993.

Lycoperdon gemmatum var. *furfuraceum* Fr., Syst. mycol. (Lundae) 3(1): 38. 1829.

Lycoperdon gemmatum var. *molle* (Pers.) De Toni, Syll. fung. (Abellini) 7: 107. 1888.

Lycoperdon stellare (Peck) Lloyd, Mycol. Writ. **2**(Letter 20): 225. 1905.

担子果近球形、倒梨形、陀螺形至具假柄，直径 2~5.5 cm，高 2.5~7 cm，基部具分支的根状菌索或有菌丝和土壤构成的菌丝体垫。外包被形成皮屑状鳞片、粉粒和细刺，位于包被顶端的部分常脱落，初白色至近白色，后变为污黄色、褐黄色、黄褐色；内包被淡黄色至黄白色，光滑，纸质，顶端具孔口，多少圆形或撕裂状。不孕基部发达，灰褐色、浅褐色或淡黄褐色，有时多少带紫色，海绵状。孢体成熟时粉末状至多少棉絮状，橄榄褐色至橘褐色。孢丝马勃型，直至波曲，具弹性，分支少，末端长且渐狭，黄褐色至浅褐色，表面光滑，无隔，直径 4~7.5 μm，壁厚至 1.0 μm，具纹孔，小，位于孢体中央的孢丝纹孔少至难于观察，近包被部分的孢丝纹孔较多。拟孢丝无或偶见，具隔。担孢子球形，直径 4~6.5 μm，光镜下具明显的不规则柱状疣，部分顶端多少平截，扫描电镜下呈圆柱状突起，基部宽，顶端平截、钉状且有时数个愈合，有时数个柱状突起愈合呈不规则片状，柱状突起间大多具不规则隆起而使各突起在基部相连，黄褐色，中央具一油滴，具小柄，小梗碎片大量存在。

模式标本产地不详。

分布：中国（内蒙古、湖北、四川、云南、西藏）；英国，美国，加拿大。

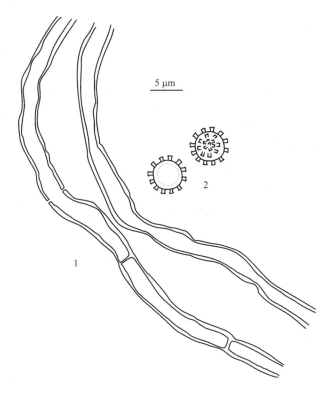

图 40　软马勃 *Lycoperdon molle* Pers.（HMAS 85961）
1. 孢丝；2. 担孢子

　　标本研究：内蒙古大青山金銮殿白桦林下，海拔 2150 m，1988 年 8 月 20 日，刘培贵 428（2）（HKAS 21417）；土默特右旗，海拔 2050 m，1988 年 7 月 31 日，刘培贵 292（HKAS 21418）。湖北神农架，1985 年 8 月 24 日，赵春贵、秦孟龙 1116（HMAS 85961）。四川成都市药品检验所，朽木上生（HMAS 44193，原定名为 *Lycoperdon umbrinum* Pers.）；九寨沟，1991 年，卯晓岚（HMAS 69829，原定名为 *Lycoperdon spediceum* Pers.）；乡城县热打乡尼丁峡谷，海拔 3500 m，2004 年 7 月 14 日，葛再伟 110（HKAS 45875）。云南保山县高黎贡山，林中地上，海拔 2300 m，1959 年 9 月 24 日，王庆之 1401（HMAS 26228，原定名为 *Lycoperdon desmazieri* Lloyd）；昆明植物所植物园内，海拔 1950 m，2003 年 9 月 10 日，Zheng H-D（HKAS 44202），Zheng H-D03-472（HKAS 44207）。西藏嘉黎县，草地上，海拔 4200 m，1990 年 8 月 28 日，Jiang Cheng-ping & Ou Zhu63［HMAS 59940，原定名为 *Lycoperdon stellare* (Peck) Lloyd］。

　　讨论：软马勃以中等大小的担子果、外包被表面具皮屑状鳞片和细刺、担孢子饰纹不规则及孢丝具大量纹孔区别于中国产该属其他种。

　　黑紫马勃 *Lycoperdon atropurpureum* 和暗棕马勃 *Lycoperdon umbrinum* Pers.的宏观特征易与软马勃混淆，其区别在于黑紫马勃的孢丝红褐色，纹孔无或偶见，担孢子表面的疣呈圆锥状；暗棕马勃的外包被仅形成细刺，担孢子表面在光镜下微粗糙至具细小的疣，扫描电镜下疣亦呈圆柱状，但极短小。

网纹马勃　图 41　图版Ⅶ-37

Lycoperdon perlatum Pers., Observ. mycol. (Lipsiae) **1**: 4. 1796. Teng, Fungi of China, p. 670, 1963. Tai, Sylloge Fungorum Sinicorum p. 529, 1979. Liu, The Gasteromycetes of China, p. 90, 1984. Wu, The Macrofungi from Guihzou, China, p. 149, 1989. Li, Hu & Peng, Macrofungus Flora of Hunan, p. 358, 1993. Dai & Li, Fungi blog of Ganzi, Sichuan, p. 307, 1994. Mao, Economic fungi of China, p. 592, 1998. Mao, The Macrofungi in China, p. 545, 2000. Li & Tolgor, Mushrooms of Changbai Mountains, China, p. 300, 2003. Wu, Dai, Li, Yang & Song, Fungi of Tropical China, p. 60, 2011.

Lycoperdon gemmatum var. *perlatum* (Pers.) Fr., Syst. Mycol. (Lundae) 3(1): 37. 1829.

Lycoperdon bonordenii Massee, J. Roy. Microscop. Soc.: 713. 1887.

Lycoperdon gemmatum Batsch, Elench. fung. (Halle): 147. 1783.

Lycoperdon perlatum var. *bonordenii* (Massee) Perdeck, Blumea 6: 505. 1950.

担子果近球形、倒梨形至具假柄，直径 1.5~5.5 cm，高 2~8 cm，假柄可长达 5 cm，具分支的根状菌索，常被大量土壤包裹。外包被形成圆锥状刺，达 0.3 cm 长，初白色至近白色，后变为黄白色、灰黄色至褐黄色，刺的周围被细小的圆形疣环绕，刺脱落后留下的斑痕与环绕其的圆形疣构成规则的网纹，网纹覆盖于内包被表面，假柄表面的网纹不明显或缺乏；内包被黄白色，具网纹，纸质，顶端具孔口，撕裂状。不孕基部发达，浅黄白色至黄白色，海绵状。孢体成熟时粉末状至多少棉絮状，橄榄褐色。孢丝马勃型，直至波曲，具弹性，分支，末端长且渐狭，黄色至褐黄色，表面光滑，有时粗糙，无隔，直径 3~5 μm，壁厚 1 μm，具纹孔。拟孢丝大量，具隔。担孢子球形至近球形，直径 (3.5~)4~4.6 μm，光镜下具小疣至细刺，扫描电镜下呈圆锥形，淡黄色，中央具一油滴，具短柄，小梗碎片存在。

模式标本产地不详。

分布：中国（北京、河北、山西、内蒙古、吉林、黑龙江、江苏、浙江、福建、江西、河南、湖南、广西、四川、贵州、云南、西藏、陕西、甘肃、青海、宁夏、新疆），澳大利亚，新西兰，英国，美国。

标本研究：北京潭柘寺，1959 年 8 月 28 日，王维英、孔显良（HMAS 27227，原定名为 *Lycoperdon gemmatum* Batsch）；香山，林中地上，1985 年 9 月 2 日，文华安、李宇、应建浙 3（HMAS 49954）；密云县北石城，阔叶林栗林内地上生，1998 年 7 月 4 日，文华安 3154（HMAS 66289）；门头沟东灵山落叶松林，1995 年 7 月 26 日，刘晓娟、黄永青（HMAS 62459）；百花山黄安坨，杨树林中地上，海拔 1000 m，1964 年 8 月 10 日，应建浙等 267（HMAS 33918）；百花山黄安坨，1964 年 8 月 10 日，宗毓臣等 266（HMAS 34613）；小龙门，地上生，1990 年 7 月，周云龙 3（HMAS 61156）。河北，1959 年 8 月，（HMAS 32522，原定名为 *L. gemmatum*）；百花山，草地上，1957 年 9 月 5 日，马启明 1702（HMAS 21700，原定名为 *L. gemmatum*）；百花山大蒋沟，土上，1957 年 8 月 31 日，马启明 1623（HMAS 23938，原定名为 *L. gemmatum*）；小五台山，1934 年 8 月 20 日，石磊（HMAS 17455，原定名为 *L. gemmatum*）；小五台山，1935 年 8 月，邓祥坤 12589（HMAS 18408，原定名为 *L. gemmatum*）；小五台山，1990 年 8 月 24 日，文华安、李滨 074（HMAS 63698）；小五台山大梁背，1990 年 8 月 2 日，文华安、李滨 062（HMAS

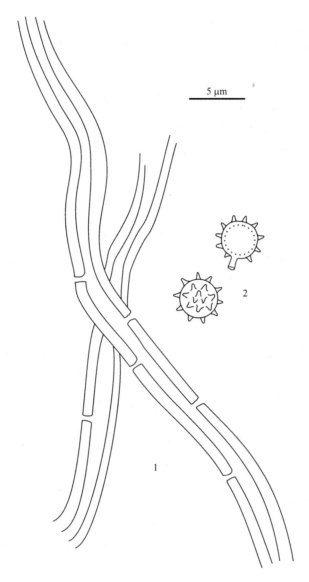

图 41 网纹马勃 *Lycoperdon perlatum* Pers.（HMAS 70186）

1. 孢丝；2. 担孢子

61937）；沽源，1961 年 8 月，孔显良等（HMAS 32523）；涿鹿县杨家坪，1951 年 2 月 8 日，杨朝广（HMAS 17456，原定名为 *L. gemmatum*）。山西宁武宋家崖村，1953 年 7 月 30 日，汪振行 19（HMAS 27232）；五台山，1983 年 8 月 19 日，袁丕刚、上官铁梁（HMAS 85976，原定名为 *Lycoperdon pyriforme* Schaeff.）；关帝山，1979 年 5 月，王福麟（HMAS 85940）；关帝山，1981 年 7 月，路端正 664（HMAS 86162）。内蒙古兴安盟阿尔山兴安林场，1991 年 8 月 11 日，宗毓臣、孙述霄 067（HMAS 62358）；呼伦贝尔市，林中地上，1986 年 9 月，卯晓岚等（HMAS 58247）。吉林安图县长白山，地上生，海拔 1500 m，1960 年 8 月 25 日，杨玉川、陈俊荣、袁福生 997（HMAS 30638，原定名为 *L. gemmatum*）；安图县长白山，海拔 3600 m，1960 年 8 月 24 日，杨玉川、原俊荣、袁福生 965（HMAS

30636，原定名为*L. gemmatum*）；长白山，2002 年 8 月 30 日，姚一建等 188（HMAS 96939，原定名为 *Lycoperdon* sp.）；龙井县天佛指山，2002 年 8 月 26 日，姚一建等 057（HMAS 97021，原定名为*Lycoperdon* sp.）；吉林，1928 年 9 月 15 日，E. Licent 1467（HMAS 29102）；安图县二道口河乡，海拔 900 m，1960 年 9 月 2 日，杨玉川等 1024（HMAS 30506）。黑龙江大兴安岭，林中地上，1988 年，洪震（HMAS 82004）。江苏南京中山陵，1958 年 9 月，林桂坚，王维兴（HMAS 22902，原定名为 *L. gemmatum*）；南京中山陵，地上生，1958 年 6 月 24 日，邓叔群（HMAS 23227，原定名为 *L. gemmatum*）。浙江天目山，朽木上生，1953 年 10 月，王鸣岐、应建浙 266（HMAS 47409，原定名为 *L. gemmatum*）。福建邵武，林中地上，1957 年 11 月 8 日，蒋伯宁（HMAS 23772，原定名为 *L. gemmatum*）。江西黄岗山，1936 年 9 月，邓祥坤 17166（HMAS 17457，原定名为 *L. gemmatum*）；庐山，1936 年 7 月，邓祥坤 14434（HMAS 17461，原定名为 *L. gemmatum*）；江西，1916 年 4 月 18 日，E. Licent（HMAS 29213）。河南洛宁县章沟乡龙门店，阔叶林中地上，1958 年 6 月 17 日，刘恒英 218（HMAS 23936，原定名为 *L. gemmatum*）。湖南南龙山，沙土上，1958 年 6 月 9 日，梁林山 1135（HMAS 26595，原定名为 *L. gemmatum*）。广西东兰县板烈古青山，1958 年 1 月 19 日，徐连旺 782（HMAS 27222，原定名为 *L. gemmatum*）。四川马尔康，1958 年 6 月，胡琼玲（HMAS 27206，原定名为 *L. gemmatum*）；马尔康梦笔山，腐木上生，海拔 3300 m，1983 年 7 月 4 日，文华安、苏赣 141（HMAS 51226）；米亚罗，林中地上，海拔 3000 m，1958 年 7 月，胡琼玲（HMAS 27230，原定名为 *L. gemmatum*）；米亚罗夹壁沟，海拔 3000 m，1960 年 9 月 19 日，王春明、韩玉光 1129（HMAS 30503，原定名为 *L. gemmatum*）；米亚罗夹壁沟，混交林中小路边， 1960 年 9 月 15 日，马启明等 1017（HMAS 30639）；米亚罗夹壁山，杉桦混交林，海拔 2900 m，1960 年 9 月 25 日，马启明等 1396（HMA S30507）；九寨沟，地上生，1992 年 9 月，卯晓岚 M6419（HMAS 61707）；黄龙寺针叶林内地上，海拔 3050 m，1983 年 6 月 14 日，文华安、苏京军 87（HMAS 51058）；四川渡口，海拔 2350 m，1983 年 6 月 21 日，陈可可 25（HKAS 13385，原定名为 *Lycoperdon fuscum* Bonord.）；木里三区争西牧场，吉普朗峰土坡草地，海拔 4400 m，1983 年 9 月 9 日，陈可可 971（HKAS 13582）；理塘纳登拉山口，海拔 3900 m，1984 年 8 月 28 日，袁明生 736（HKAS 15472）；稻城巨龙，海拔 3700 m，1984 年 8 月 13 日，袁明生 602（HKAS 15749）；雅江，1989 年 8 月 18 日，秦松云 11（HKAS 22336，原定名为 *Lycoperdon atropurpureum* Vittad.）；阿坝黑松林，1991 年 8 月 20 日，袁明生 1610（HKAS 25195）；红原刷马路口，海拔 3300 m，云杉、冷杉桦木林下，1991 年 8 月 22 日，袁明生 1636（HKAS 25196）；盐源小高山，海拔 3100 m，1991 年 8 月 16 日，Liu 和 Yuan1384（HKAS 27877）；红原刷马路口，海拔 3400 m，1996 年 8 月 6 日，袁明生 2434（HKAS 30873）；康定呷巴山，海拔 3600 m，1996 年 9 月 7 日，袁明生 2637（HKAS 31091，原定名为 *Lycoperdon polymorphum* Vittad.）；冶勒自然保护区，针阔混交林灌木丛，海拔 2790~3440 m，2005 年 7 月 10 日，葛再伟 447（HKAS 48943）；九龙至康定方向约 38 km 处，混交林，海拔 3900 m，2005 年 7 月 21 日，葛再伟 584（HKAS 49079）；德格县玉隆拉措湖东岸，海拔 4510 m，混交林中，2006 年 8 月 17 日，葛再伟 1306（HKAS 50886）；百玉县百玉至巴塘途中草地，2006 年 8 月 22 日，杨祝良 4865（HKAS 51676）；理塘县海子山，灌丛，海拔 4640 m，2004 年 8 月 21

日，杨祝良 4442（HKAS 45818）。贵州贵阳二戈寨，林中地上，1988 年 7 月 1 日，李宇、宗毓臣、应建浙 147（HMAS 57800）；贵州梵净山，1987 年 6 月 10 日，吴兴亮 2908（HKAS 18497，原定名为 *L. gemmatum*）。云南昆明西山，地上生，1943 年 8 月 10 日，裘维蕃（HMAS 01991）；大理中和寺，地上生，1938 年 8 月 28 日，周家炽（HMAS 01993）；宾川县鸡足山，1989 年 8 月 13 日，李宇、宗毓臣 333（HMAS 59728）；宾川县鸡足山，1989 年 8 月 7 日，宗毓臣、李宇 158（HMAS 59729）；宾川鸡足山，地上生，1999 年 8 月 23 日，文华安、卯晓岚、孙述霄 362（HMAS 81959）；宾川鸡足山，地上生，1938 年 9 月 13 日，张景诚（HMAS 01992）；昆明西山，地上生，1938 年 7 月 16 日，周家炽（HMAS 02369）；昆明西山，1958 年 10 月 9 日，蒋伯宁、牛锡瑞 61（HMAS 30502，原定名为 *L. gemmatum*）；丽江县武候乡，阔叶林中地上，1958 年 11 月 13 日，韩树金、陈浩阳 5144（HMAS 26594，原定名为 *L. gemmatum*）；丽江玉龙山白沙河上，1974 年 10 月 31 日，臧穆 L689（HKAS 689）；丽江玉龙山黑白水林缘草地，1976 年 8 月，刘学系 2717（HKAS 2717）；丽江玉龙山三道弯森林，海拔 2900 m，1986 年 9 月 8 日，臧穆 10831（HKAS 17881，原定名为 *L. pyriforme*）；丽江老君山阔叶林下，海拔 3400 m，2001 年 7 月 27 日，于富强 472（HKAS 38953）；腾冲高黎贡山大蒿坪，海拔 2800 m，1977 年 8 月 11 日，黎新江 620（HKAS 3510）；昆明黑龙潭松林下，1973 年 8 月 18 日，臧敏烈 73018（HKAS 4990，原定名为 *L. gemmatum*）；昆明植物所内，雪松下，海拔 2000 m，1985 年 5 月 24 日，陈可可 31（HKAS14574）；昆明西山栎榛林腐木上生，海拔 2000 m，1988 年 10 月 17 日，刘培贵 591（HKAS 22622）；昆明安宁西南林学院后山，海拔 2000 m，1990 年 7 月 6 日，杨祝良 1029（HKAS 22707）；昆明植物园，林地生，1997 年 8 月 12 日，刘培贵 4890（HKAS 32045）；昆明黑龙潭云南松林旁草地下，海拔 1900 m，2000 年 7 月 27 日，于富强 34（HKAS 38948）；昆明植物所植物园内，海拔 1950 m，2003 年 9 月 10 日，Zheng H-D（HKAS 44203，原定名为 *L. fuscum*），Zheng H-D 03-473（HKAS 44208）；昆明植物所，2003 年 8 月 27 日，陈娟 120（HKAS 44238）；昆明植物所，2003 年 9 月 6 日，陈娟 88（HKAS 44254）；昆明植物所，海拔 1980 m，2005 年 7 月 21 日，梁俊峰 123（HKAS 48461）；宾川县鸡足山混交林中，海拔 2550 m，1985 年 8 月 9 日，肖国平 532（HKAS 17227）；中甸碧鼓，海拔 3500 m，云杉 *Picea* 林下，1986 年 7 月 28 日，臧穆 10538（HKAS 17552）；玉龙山干海子，海拔 2900 m，1995 年 10 月 11 日，臧穆 12683（HKAS 30111）；大理，苍山，华山松林下，1998 年 10 月 30 日，王向华 188（HKAS 34955，原定名为 *L. pyriforme*）；中甸纳帕海，1999 年 8 月 17 日，王向华 797（HKAS 35846，原定名为 *L. gemmatum*）；武定狮子山云南松林上，海拔 2400 m，2000 年 8 月 21 日，于富强 266（IIKAS 38949）；剑川县石宝山，海拔 2400 m，2003 年 8 月 15 日，杨祝良 4045（HKAS 43079）。西藏波密松宗镇，海拔 3200 m，2004 年 7 月 16 日，王英华 44（HMAS 97233，原定名为 *Lycoperdon* sp.）；八一镇老虎山，1995 年 7 月 22 日，文华安、孙述霄 289（HMAS 71509，原定名为 *L. pyriforme*）；波密，针叶林内地上，海拔 2300 m，1982 年 10 月 7 日，卯晓岚 806（HMAS 53263，原定名为 *Lycoperdon subincarnatum* Peck）；波密松宗镇，栎树林中地上，海拔 3100 m，2004 年 7 月 13 日，王英华 16（HMAS 97251，原定名为 *Lycoperdon* sp.）；吉隆沙勒乔松林下，地上生，海拔 3100 m，庄剑云 3690（HMAS 60454，原定名为 *Lycoperdon umbrinum* Pers.）；林芝西藏大学农学院后山，海拔 3000 m，

2004 年 7 月 13 日，郭良栋等 20（HMAS 130487，原定名为 *Lycoperdon* sp.）；密林帕隆藏布江边林中，海拔 1950 m，1982 年 10 月 1 日，卯晓岚 712（HMAS 53466）；左贡县，地上生，1976 年 8 月 31 日，宗毓臣等 512a（HMAS 39218）；林芝，达波勃姆拉东坡常绿阔叶林，海拔 2380 m，1982 年 12 月 1 日，苏永革 2740-a（HKAS 14573）；墨脱，1983 年 6 月 17 日，苏永革 4850（HKAS 15988，原定名为 *L. umbrinum*）；类乌齐县孟达村山上，海拔 4100 m，2004 年 8 月 9 日，杨祝良 4340（HKAS 45719）；类乌齐县孟达村山上，类乌齐乡，海拔 4100 m，2004 年 8 月 9 日，葛再伟 306（HKAS 46086）；昌都县羊达村附近山上，海拔 3400 m，2004 年 8 月 16 日，杨祝良 4421（HKAS 45798）；昌都县羊达村附近山上，灌丛土坡干燥云杉 *Picea* 林，海拔 3250 m，2004 年 8 月 16 日，杨祝良 4422（HKAS 45799）。陕西汉中，地上生，1991 年 9 月，卯晓岚 M6314（HMAS 61479，原定名为 *L. umbrinum*）；汉中，地上生，1991 年 9 月 19 日，卯晓岚 M3821（HMAS 66168）；汉中秦岭，地上生，1991 年 9 月，卯晓岚 M4107（HMAS 61679）；汉中，1991 年 9 月 19 日，卯晓岚 M3823（HMAS 61596）；太白山，阔叶林中地上，海拔 1950 m，1965 年 7 月 19 日，马启明、宗毓臣 2411（HMAS 33218）；汉中，林中地上，1991 年 9 月 23 日，卯晓岚 M3970（HMAS 63019）；汉中秦岭，1991 年 9 月 20 日，卯晓岚 M3843（HMAS 61478）；太白山药王池，混交林中地上，1963 年 8 月 3 日，马启明、宗毓臣 2803（HMAS 33274）。甘肃，1992 年 9 月，田茂林（HMAS 70186，原定名为 *L. pyriforme* var. *excipuliforme*）；天水县东岔乡白杨林，地上生，海拔 1400 m，1958 年 7 月 17 日，于积厚 346（HMAS 23140，原定名为 *L. gemmatum*）；汶县，1992 年 9 月，田茂林 M6513（HMAS 61660，原定名为 *Lycoperdon foetidum* Bonord.）；武都，1992 年 9 月，田茂林 M7044（HMAS 66054）；祁连，地上生，海拔 3100 m，1996 年 8 月 2 日，卯晓岚、文华安、孙述霄 9067（HMAS 81674）；武都白龙江林场，1992 年 9 月，地上生，田茂林、卯晓岚 M7025（HMAS 61640）。青海，刘继孟 5219（HMAS 18409，原定名为 *L. gemmatum*）；海晏白头崖，草地上，海拔 3000 m，1958 年 7 月 2 日，马启明 45（HMAS 27231，原定名为 *L. gemmatum*）；门源，草地上，海拔 2800 m，1958 年 7 月 21 日，马启明 241（HMAS 27226，原定名为 *L. gemmatum*）；祁连银平台，云杉林下地上生，海拔 3100 m，1958 年 8 月 22 日，马启明 653（HMAS 23774，原定名为 *L. gemmatum*）；祁连扎马什南沟，云杉林中地上，海拔 3000 m，1958 年 7 月 30 日，马启明 352（HMAS 24145，原定名为 *L. gemmatum*）；大通，地上生，1996 年 8 月 3 日，卯晓岚、文华安、孙述霄 9189（HMAS 81663）。宁夏六盘山二龙河，1997 年 8 月 23 日，文华安、孙述霄 024（HMAS 73382）。新疆北木扎尔特河谷地，云杉林中地上，1978 年 7 月 16 日，孙述霄、文华安 卯晓岚 430（HMAS 39219）；乌鲁木齐南山林场，林地上，1985 年 8 月 10 日，陶恺等 189（HMAS 85934）；阜康天池，针叶林内地上，1985 年 7 月 30 日，曹晋忠、何正荣 166（HMAS 85880）；乌鲁木齐，1985 年 8 月 10 日，曹晋忠 154（HMAS 85912）；乌鲁木齐，1985 年 8 月 10 日，曹晋忠 2（HMAS 85969）；乌鲁木齐南山林场，1985 年 8 月 10 日，李榆梅 186（HMAS 85983）；乌鲁木齐，1985 年 8 月 11 日，陶恺 153（HMAS 86117），陶恺 145（HMAS 86259）；乌鲁木齐，1985 年 7 月 31 日，范黎 140（HMAS 86280）；乌鲁木齐，1985 年 8 月 10 日，范黎 16（HMAS 86283）；巴普布鲁克草原，1995 年 8 月，王俊燕 423（HMAS 69987，原定名为 *Lycoperdon* sp.）；昭苏县，云杉林中地上，海拔 2150 m，1959 年 5 月 31 日，

刘恒英 473（HMAS 27849，原定名为 *L. gemmatum*）。

讨论：网纹马勃的主要特征是内包被表面具网纹，担孢子小，光镜下具小疣至细刺，孢丝具纹孔，拟孢丝大量。该种因内包被表面具网纹而易于鉴别。易与该种混淆的种有 *Lycoperdon nigrescens* Pers.，但后者的外包被具褐色的刺，顶端常数个聚合，担孢子具点状疣而非圆锥状疣。

细刺马勃 图 42 图版Ⅶ-38

Lycoperdon pulcherrimum Berk. & M.A. Curtis, Grevillea 2(no. 16): 51. 1873. Teng, Fungi of China, p. 671, 1963. Tai, Sylloge Fungorum Sinicorum p. 529, 1979. Liu, The Gasteromycetes of China, p. 79, 1984.

担子果近球形、倒卵形、倒梨形，直径 2~5.5 cm，高 1.5~4 cm，基部表面偶具浅沟，具分支的根状菌索，常被大量土壤包裹形成菌丝体垫。外包被形成刺，刺细而长，达 0.4~0.6 cm，初白色至近白色，后变为淡黄色、浅褐色至褐黄色，刺多呈束或数个刺在顶端聚合，位于包被上半部的刺脱落后露出内包被，位于下半部至基部的刺永存；内包被淡褐色至黄褐色，光滑至具细粉粒，纸质，顶端具孔口，撕裂状。不孕基部发达，浅黄白色至黄白色，海绵状。孢体成熟时粉末状至棉絮状，褐色、红褐色至暗紫褐色。孢丝马勃型，直至波曲，具弹性，分支，末端长且渐狭，褐黄色，表面光滑，有时局部粗糙，无隔，直径 3~6.5 μm，壁厚至 1 μm，具纹孔或偶见。拟孢丝缺乏。担孢子球形，直径 5~6 μm，光镜下具极显著的疣，高 1 μm，疣间多相互连接，扫描电镜下疣的顶端多少短圆柱状，基部相互连接使孢子表面呈波状起伏，褐黄色，中央具一油滴，具短柄，小梗碎片大量存在。

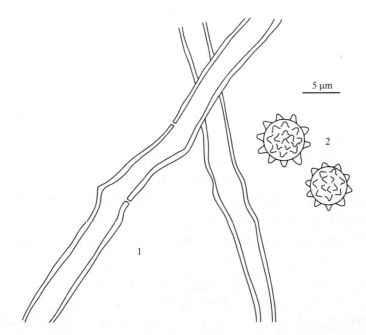

图 42 细刺马勃 *Lycoperdon pulcherrimum* Berk. & M.A. Curtis（HMAS 27234）
1. 孢丝；2. 担孢子

模式标本产于美国。

分布：中国（北京、河北、湖北、云南、西藏、陕西）；美国，加拿大。

标本研究：北京百花山顶，枯树桩上生，1957 年 7 月 22 日，马启明 1051（HMAS 27243，原定名为 *Lycoperdon pyriforme* Schaeff.）。河北百花山黄安坨，海拔 1000 m，1964 年 8 月 10 日，宗毓臣 264（HMAS 34616，原定名为 *Lycoperdon floccosum* Lloyd）。湖北神农架，阔叶林中地上生，2002 年 8 月，陈志刚（HMAS 83624，原定名为 *Lycoperdon* sp.）。云南河口县绿水河，海拔 700 m，2005 年 8 月 13 日，Zheng 05-760（HKAS 51494）。西藏江达县青泥洞乡，海拔 4050 m，2004 年 8 月 3 日，葛再伟 279（HKAS 46059）。陕西郧县太白山上，地上生，1958 年 9 月 13 日，张士俊 673（HMAS 27234），张士俊 672（HMAS 27236）。

讨论：细刺马勃因其外包被具较长的刺以及光滑的内包被区别于本属其他种。*Lycoperdon americanum* Demoulin、*Lycoperdon marginatum* Vittad. 和 *Lycoperdon calvescens* Berk. & M.A. Curtis 易与细刺马勃混淆，但 *L. americanum* 的内包被表面具显著的网纹，*L. marginatum* 的外包被具四角锥形的疣，包被呈片状脱落，*L. calvescens* 外包被表面具短刺，担孢子表面具小疣至细刺。

梨形马勃　图 43

Lycoperdon pyriforme Schaeff., Fung. bavar. palat. nasc. (Ratisbonae) 4: 128. 1774. Teng, Fungi of China, p. 670, 1963. Tai, Sylloge Fungorum Sinicorum p. 529, 1979. Liu, The Gasteromycetes of China, p. 85, 1984. Li, Hu & Peng, Macrofungus Flora of Hunan, p. 357, 1993. Mao, Economic fungi of China, p. 598, 1998. Mao, The Macrofungi in China, p. 546, 2000. Li & Tolgor, Mushrooms of Changbai Mountains, China, p. 301, 2003. Ba, Oyongowa & Tolgor, Statistics of Mycobiota of Macrofungi in Gogostai Haan Nature Reserve of Inner Mongolia, 27(1): 33, 2005. Wu, Dai, Li, Yang & Song, Fungi of Tropical China, p. 70, 2011.

Lycoperdon pyriforme ß *tessellatum* Pers., Syn. meth. fung. (Göttingen) 1: 148. 1801.

Morganella pyriformis (Schaeff.) Kreisel & D. Krüger[as '*pyriforme*'], in Krüger & Kreisel, Mycotaxon 86: 175. 2003.

Utraria pyriformis (Schaeff.) Quél., Mém. Soc. Émul. Montbéliard, Sér. 2 5: 369. 1873.

担子果近球形、倒卵形至倒梨形，偶具假柄，直径 1.5~4.5 cm，高 2~7 cm，假柄可长达 4 cm，基部多少膨大呈球茎状或否，具分支的根状菌索，常被大量土壤包裹。外包被形成疣和粉粒，初白色至近白色，后变为污黄色、灰黄色至褐黄色，疣顶端平，常数个或多个被白黄色的细纹环绕，位于包被顶端的老熟后部分或大部分脱落并在内包被表面留下不规则的网纹，包被基部的疣常短刺状，疣、粉粒和刺常永存；内包被黄白色、灰黄色，光滑或具不规则网纹，纸质，顶端具孔口，撕裂状。不孕基部小至发达，浅黄白色至黄白色，海绵状。孢体成熟时粉末状至多少棉絮状，橄榄褐色至浅褐色。孢丝马勃型，直至波曲，具弹性，分支，末端长且渐狭，黄色至褐黄色，表面光滑，有时粗糙，无隔，直径 3~5.5 μm，壁厚 1 μm，纹孔无。拟孢丝大量，具隔。担孢子球形至近球形，直径 3.5~5 μm，光镜下光滑，淡黄色，中央具一油滴，具短柄，小梗碎片缺乏。

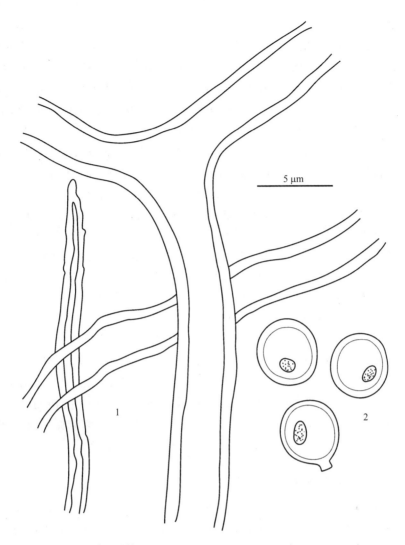

图 43　梨形马勃 *Lycoperdon pyriforme* Schaeff.（HMAS 96966）

1. 孢丝；2. 担孢子

模式标本产地不详。

分布：中国(河北、内蒙古、吉林、广西、四川、云南、陕西、甘肃、青海、新疆)；印度，日本，澳大利亚，英国，美国，新西兰；南美洲。

标本研究：河北小五台山，1934 年 8 月 20 日，石磊(HMAS 17471)；东灵山，1935年(HMAS 17470)；东灵山，1935 年 9 月 14 日，当地人(HMAS 17466)。内蒙古呼伦贝尔市根河市落叶松林地，1990 年 8 月 25 日，杨文胜 2215(HKAS 25426)；阿拉善盟贺兰山，云杉林下草地，海拔 2500 m，1986 年 8 月 21 日，宋刚 881(HKAS 25458)；大兴安岭根河东南山坡，桦木落叶松林腐木上，1957 年 8 月 20 日，陈邦杰(HMAS 27242)。吉林长白山自然保护区白河站，2002 年 8 月 31 日，姚一建等 235(HMAS 96966，原定名为 *Lycoperdon* sp.)。广西大明山，1997 年 12 月 18 日，文华安、孙述霄 3024(HMAS 73466)。四川南坪九寨沟，腐木上生，1983 年 6 月 9 日，文华安、苏京军 056(HMAS 51227，原定名为 *Lycoperdon polymorphum* Vitt.)；阿坝下阿坝，腐木上生，1983 年 6 月 28 日，文华安、苏京军 116（HMAS 51228，原定名为 *L. polymorphum*）；木里三区，海拔 3000 m，木生，1983 年 9 月 9 日，陈可可 1112（HKAS 13336）。云南维西，栎树树干基部，1955 年 9 月，林业部调计局 28（HMAS 19025）；云南，1935 年 9 月 11 日，王启兴 20336（HMAS 17467）；丽江玉龙山黑白水树干基部，1976 年 8 月，刘学系 2716（HKAS 2716）；昆明植物所，栎林下，海拔 1900 m，1999 年 9 月 4 日，杨祝良 2636（HKAS 34076）；昆明老白龙云南松林旁草地上，海拔 2000 m，2000 年 7 月 24 日，于富强 19（HKAS 38946）；高黎贡山百花岭，海拔 1900 m，2002 年 8 月 13 日，于富强 811（HKAS 43798）；屏边县大围山原始森林公园大门至水围城途中，海拔 1600 m，2005 年 7 月 19 日，H-D Zheng05-834（HKAS 51559）；屏边县大围山原始森林公园大门至水围城途中，海拔 1600 m，2005 年 7 月 19 日，H-D Zheng 05-833（HKAS 51560）。陕西汉中，1991 年 9 月，卯晓岚 M7093（HMAS 61583）。西藏易贡，阔叶林下枯倒木上，1976 年 9 月 9 日，臧穆 865（HKAS586）；类乌齐县宾达乡比尼村附近，海拔 4200 m，2004 年 8 月 13 日，葛再伟 357（HKAS 46137）。甘肃西固县瓜扎沟，云杉树干上生，1945 年 11 月 5 日，邓叔群 4160（HMAS 07262）；汶县铁楼，1992 年 9 月，田茂林 M7062（HMAS 61568）；迭部，1992 年，卯晓岚（HMAS 70216）；潨沱河，1943 年 7 月 12 日，邓叔群 4064（HMAS 07372）。青海乐都小西沟，腐木，海拔 2700 m，1959 年 9 月 14 日，邢俊昌、马启明 1716（HMAS 26229）；祁连八宝林区，云杉枯木上，海拔 3000 m，1958 年 8 月 3 日，马启明 409（HMAS 27240）。新疆乌鲁木齐，1985 年 8 月 10 日，范黎 21（HMAS 85892）。

讨论：梨形马勃因朽木上生、具孢丝和拟孢丝、担孢子光镜下光滑而区别于本属其他已知种。*Morganella subincarnata* (Peck) Kreisel & Dring 与梨形马勃具有相同的生活习性——朽木上生，但 *M. subincarnata* 无孢丝，内包被表面没有网纹。

裂纹马勃　图 44　图版Ⅶ-39

Lycoperdon rimulatum Peck, *in* Morgan, Trans. Wis. Acad. Sci. Arts Lett. 7: 117. 1888.
Lycoperdon decipiens var. *rimulatum* (Peck) F. Šmarda, Fl. *ČSR*, B-1, Gasteromycetes: 354. 1958.

担子果球形、近球形、扁球形至梨形，直径 1.5~5 cm，高 3~4 cm，具分支的根状菌索。外包被光滑或形成柔毛，顶部常形成细小平伏的刺，紧贴于外包被表面，老熟脱落后露出光滑的内包被并在内包被表面留下一些细小的不规则斑纹，初白色至近白色，后变为淡黄色、灰黄色、浅褐色至褐色，有时具浅黄褐色或黄褐色的斑；内包被淡黄色、灰黄色，光滑，纸质，顶端具孔口，撕裂状。不孕基部小、中等大或不发达，灰褐色。孢体成熟时粉末状至多少棉絮状，灰褐色至红褐色。孢丝马勃型，直至波曲，具弹性，分支，末端长且渐狭，灰褐色，表面光滑，无隔，直径 3~5.5 μm，壁厚至 1.0 μm，纹孔大量。拟孢丝偶见，具隔。担孢子球形，直径 6~8 μm，光镜下具明显多少柱状的疣，密布，高 1.4 μm，扫描电镜下疣呈圆柱状至钉状，顶端平截，有时相互连接，淡褐色，中央具一油滴，具小柄，小梗碎片大量。

模式标本产于美国。

分布：中国（北京、河北、山西、贵州、西藏、陕西、甘肃、青海、宁夏）；美国，加拿大；欧洲。

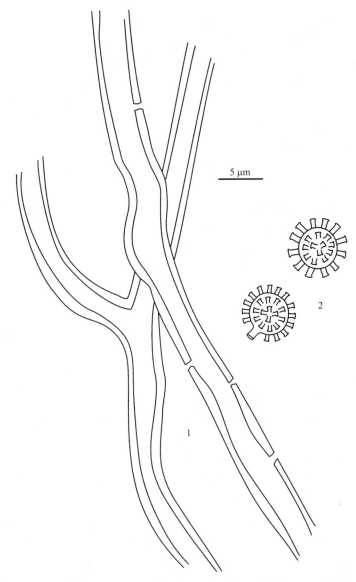

图 44　裂纹马勃 *Lycoperdon rimulatum* Peck（HMAS 53266）

1. 孢丝；2. 担孢子

标本研究：北京百花山，杨树青松林地上，1964 年 9 月 13 日，郑儒永等 333（HMAS 33920，原定名为 *Lycoperdon umbrinum* Pers.）。河北小五台山，1990 年 8 月 24 日，文华安、李滨 102（HMAS 66105，原定名为 *Lycoperdon perlatum* Pers.）；房山区大石根杨树沟，树荫下腐土上，1957 年 8 月 24 日，马启明 1551（HMAS 23944，原定名为 *L. umbrinum*）。山西沁水，1985 年 8 月 24 日，秦孟龙 1118（HMAS 86154，原定名为 *L. perlatum*）。贵州贵阳黔灵公园，林中地上，1988 年 7 月 21 日，李宇等 181（HMAS 57799，原定名为 *Lycoperdon foetidum* Bonord.）。西藏米林玉梅，林中腐枝层上，海拔 1900 m，1982 年 9 月 26 日，卯晓岚 610（HMAS 50953，原定名为 *Lycoperdon* sp.）；米林派镇，林中地上，海拔 3000 m，1983 年 7 月 9 日，卯晓岚 1070（HMAS 53357，原定名为

Lycoperdon oblongisporum Berk. & M.A. Curtis.）；米林，林中地上，海拔 2800 m，1983
年 8 月 28 日，卯晓岚 1441［HMAS 53266，原定名为 *Lycoperdon stellare* (Pk.) Lloyd］。
陕西汉中，地上生，1991 年 9 月 21 日，卯晓岚 M3925（HMAS 61665，原定名为 *Lycoperdon*
foetidum Bonord.）。甘肃迭部，1992 年 9 月 12 日，卯晓岚（HMAS 70229，原定名为
Lycoperdon sp.）；汶县铁楼，1992 年 9 月，田茂林 M（HMAS 69953，原定名为 *L.*
umbrinum）。青海大通，地上生，海拔 2700 m，1996 年 8 月 13 日，卯晓岚、孙述霄、
文华安 9289（HMAS 81660，原定名为 *L. oblongisporum*）；门源县米林，针叶林中地上
生，2004 年 8 月 19 日，王钦斌 403（HMAS 96853，原定名为 *Lycoperdon* sp.）。宁夏贺
兰山，针阔叶林中地上，1961 年 6 月 23 日，韩树金等 2175（HMAS 31059，原定名为
Lycopordon atropurpureum Vittad.）。

　　讨论：裂纹马勃在中国分布广泛。该种与青紫马勃*Lycoperdon lividum*的宏观特征非
常相似，但两者的担孢子有明显的区别。裂纹马勃的担孢子在光镜下表面明显具疣，青
紫马勃的担孢子具极细小的疣或微粗糙，有时近光滑。

暗棕马勃　　图 45　　图版Ⅶ-40

Lycoperdon umbrinum Pers., Syn. meth. fung. (Göttingen) 1: 147. 1801. Teng, Fungi of
　　China, p. 669, 1963. Tai, Sylloge Fungorum Sinicorum p. 530, 1979. Liu, The
　　Gasteromycetes of China, p. 75, 1984. Wu, The Macrofungi from Guihzou, China, p.
　　150, 1989. Bi, Zheng, Li & Wang, Macrofungus Flora of the Mountainous District of
　　North Guangdong, p. 340, 1990. Mao, Economic fungi of China, p. 600, 1998. Mao,
　　The Macrofungi in China, p. 547, 2000.

Lycoperdon umbrinum Pers., Tent. Disp. Meth. Fung.: 53. 1797.

　　担子果球形、近球形、扁球形、倒梨形，直径 2~3.5 cm，高 2~3 cm，基部表面偶
具浅沟，具分支的根状菌索，常被大量土壤包裹。外包被形成细刺，顶端常数个聚合，
初白色至近白色，后变为污黄色至黄褐色，常暗，包被顶端常褐色、暗褐色至黑褐色，
位于包被顶端的细刺易脱落；内包被淡黄色至污黄色，光滑，纸质，顶端具孔口，撕裂
状。不孕基部小至多少发达，浅黄白色至黄白色，海绵状。孢体成熟时粉末状至多少棉
絮状，橄榄褐色至褐色。孢丝马勃型，直至波曲，具弹性，分支，末端长且渐狭，黄色
至浅黄褐色，无隔，直径 4~7.5 μm，壁厚至 0.8 μm，纹孔大量。拟孢丝无或偶见，具
隔。担孢子球形，直径 4~5 μm，光镜下微粗糙至具细小的疣，扫描电镜下疣呈极短小
的圆柱状，顶端圆，淡黄色至黄色，中央具一油滴，具短柄，小梗碎片缺乏。

　　模式标本产地不详。

　　分布：中国（河北、吉林、安徽、四川、贵州、云南、西藏、陕西、青海、新疆）；
英国，美国，南非。

　　标本研究：河北苍岩山，1985 年 10 月 1 日，范黎 165（HMAS 85981，原定名为
Lycoperdon perlatum Pers.）。吉林安图县白河镇宝马林场，长白山，海拔 740 m，2004
年 8 月 17 日，L.F. Zhang 614（HKAS 11174，原定名为 *Lycoperdon areolum* Ehrenb.）。
安徽黄山，林中地上，1957 年 8 月 30 日，邓叔群 5230（HMAS 20199）；黄山，混交林中
地上，1957 年 8 月 26 日，邓叔群 5061（HMAS 20004）。四川二郎山阳坡，海拔 2800 m，

1976 年 10 月 5 日，L.F. Zhang788（HKAS 5788）；阿坝树桩灌木丛中，海拔 3100 m，1983 年 6 月 28 日，宣宇 156（HKAS 12789，原定名为 *Lycoperdon fuscum* Bonord.）；木里三段，海拔 3450 m，1983 年 8 月 19 日，陈可可 603（HKAS 13218）；木里鸭咀林场，海拔 3550 m，1983 年 8 月 21 日，陈可可 657（HKAS 13495）；木里鸭嘴林场三段，海拔 3450 m，1983 年 8 月 19 日，陈可可 608（HKAS 13613，原定名为 *L. fuscum*）；南坪县九寨沟，羊峒宝镜岩之间生油松林下地上，海拔 2000 m，1986 年 9 月 25 日，郗建勋 903（HKAS 19767，原定名为 *Lycoperdon gemmatum* Batsch）；金河口鹿耳坪，云杉下，海拔 2300 m，1984 年 9 月 4 日，袁明生 901（HKAS 15599，原定名为 *Lycoperdon pratense* Pers.）；西昌大雪山，海拔 4100 m，1998 年 7 月 24 日，杨祝良 2435（HKAS 32200，原定名为 *Lycoperdon foetidum* Bonord.）；西昌热打乡，海拔 3500 m，1998 年 7 月 15 日，杨祝良 2324（HKAS 32275，原定名为 *L. perlatum*）；红原康乐乡刷马路口，海拔 3500 m，1998 年 8 月 13 日，袁明生 3322（HKAS 33802）；汶川卧龙邓生乡，海拔 2800 m，云杉林下，2000 年 10 月 11 日，袁明生 4776（HKAS 37243，原定名为 *L. fuscum*）；甘孜，稻城，亚丁，海拔 3650 m，2004 年 7 月 30 日，H.D. Zheng 04-515（HKAS 45172）；石渠县向安巴拉山方向 25 km 处，2005 年 7 月 27 日，葛再伟 655（HKAS 49150）；甘孜，稻城，亚丁自然保护区亚丁村附近，海拔 3650 m，2004 年 7 月 30 日，H.D. Zheng 04-521（HKAS 45170）。贵州梵净山，1983 年 7 月，吴兴亮（HKAS 18536）。云南昆明植物园，2000 年 6 月 16 日，王向华 945（HKAS 36719，原定名为 *L. fuscum*）；南涧无量山，海拔 2300 m，松林，2001 年 8 月 16 日，臧穆 13916（B）（HKAS 38638，原定名为 *Lycoperdon pusillum* Batsch）；龙陵县龙江乡古城山后坡，海拔 2100 m，2002 年 9 月 4 日，杨祝良 3436（HKAS 41505）；兰坪县新生桥森林公园嘹望台附近，海拔 3100 m，Zheng H-D 03-355（HKAS 44200）；昆明植物所植物园内，海拔 1950 m，2003 年 9 月 10 日，Zheng H-D〔HKAS 44205，原定名为 *Lycoperdon stellare* (Peck) Lloyd〕；禄丰，白塔山，2004 年 9 月 14 日，H.D. Zheng 04-723（HKAS 45171）；昆明植物园山顶，海拔 1980 m，2005 年 10 月 12 日，郭秋岑 05-46（HKAS 49909）；永善县河坝场背后山梁，海拔 2070 m，1972 年 8 月 26 日，黎兴江 4455（HKAS 4455）；马龙县中塘林场，云南松、油杉林下，海拔 2400 m，1979 年 11 月 17 日，徐文宣 79004（HKAS 4707，原定名为 *L. pratense*）；丽江玉龙山干海子，海拔 3100 m，1985 年 7 月 29 日，臧穆 mu10114（HKAS 15002，原定名为 *L. fuscum*）；宾川县鸡足山混交林中，海拔 2350 m，1985 年 8 月 3 日，肖国平 231（HKAS 17243，原定名为 *L. perlatum*）；高黎贡山波拉菁，1978 年 7 月 9 日，臧穆 mu4034（HKAS 4034）；丽江玉龙山森林，海拔 2800 m，木生，1986 年 9 月 1 日，臧穆 mu10707（HKAS 17758，原定名为 *L. perlatum*）。西藏波密，林中地上，海拔 2400 m，1982 年 10 月 6 日，卯晓岚 768（HMAS 50885，原定名为 *L. fuscum*）；波密嘎隆寺庙，林中地上，海拔 3800 m，1983 年 8 月 20 日，卯晓岚 1280（HMAS 53358）；陇站结巴拉林下，1975 年 7 月 14 日，臧穆 264（HKAS 5264，原定名为 *L. fuscum*）；米林林下，1975 年 7 月 27 日，臧穆 376（HKAS 5376，原定名为 *L. pratense*）；墨脱县兴凯公社岗口嘎布南面乔松林下，海拔 2150 m，1982 年 9 月 22 日，苏永革 1307（HKAS 16309，原定名为 *L. pratense*）；墨脱县格当崩崩拉岸西坡，海拔 2950 m，1985 年 10 月 11 日，苏永革（HKAS 16251）；墨脱，1983 年，苏永革（HKAS 16270，原定名为 *L. fuscum*）；

墨脱县德兴区王朗公巴常绿阔叶林,海拔 1550 m,1983 年 2 月 6 日,苏永革 3402(HKAS 16478,原定名为 *Lycoperdon perlatum* Pers.);普兰县岗仁波齐峰下,高山砾石地冲积扇,海拔 4780 m,1990 年 8 月 25 日,费勇 904(HKAS 22922,原定名为 *L. perlatum*)。陕西太白山蒿坪寺,阔叶林中地上,海拔 1400 m,1963 年 10 月 5 日,马启明、宗毓臣 3425(HMAS 33165)。青海祁连,地上生,海拔 3100 m,1996 年 8 月 3 日,卯晓岚、孙述霄、文华安 9093(HMAS 81661)。新疆北木扎尔特河谷地,林中地上,海拔 2700 m,1978 年 7 月 23 日,孙述霄、文华安、卯晓岚 442(HMAS 39221)。

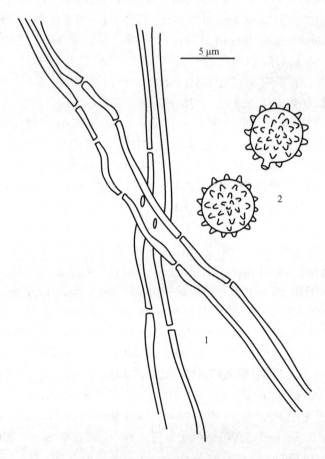

图 45　暗棕马勃 *Lycoperdon umbrinum* Pers.(HMAS 50885)
1. 孢丝;2. 担孢子

　　讨论:暗棕马勃因具刺的黄褐色外包被而易与软马勃 *Lycoperdon molle*、兰宾马勃 *Lycoperdon lambinonii* 及 *Lycoperdon ericeaum* 相混淆,它们之间的区别在于软马勃的担孢子在光镜下具明显的不规则柱状疣,兰宾马勃的孢丝没有纹孔,且小梗碎片大量,*Lycoperdon ericeaum* 的外包被由粉粒构成,而非细刺,且担孢子表面的疣在光镜下更密集和细小。

明马勃属 **Morganella** Zeller

Mycologia 40(6): 650. 1948.

Morganella subgen. *Apioperdon* Kreisel & D. Krüger, Mycotaxon 86: 174. 2003.

担子果小，扁球形、近球形至梨形，直径常小于 3 cm。外包被绒毛状、糠麸状、颗粒状至疣状、小刺状，浅黄褐色、深红褐色、浅紫黑色；内包被纸质，光滑，凹痕状或具网纹，顶端具孔口，不规则撕裂状。不孕基部致密或海绵状，与产孢组织间的假隔膜缺乏。孢体成熟时粉末状。无真孢丝。拟孢丝大量，薄壁，透明，波曲，分支，具隔。担孢子球形或宽卵圆形，光镜下具疣、具细刺或几乎光滑，扫描电镜下刺直立、圆锥形或角状，具短柄，有时难于观察。

生境：单生或群生于倒木、朽木或木质碎片上。

模式种：*Morganella mexicana* Zeller。

《菌物词典》第十版(Kirk et al., 2008)记载该属 9 种，中国产 1 种。

本属的主要特征是担子果小型，朽木上生，假隔膜缺乏，无真孢丝，拟孢丝大量。该属的种常被误作马勃属 *Lycoperdon* 成员，两者间的区别在于后者主要生于地上、均具有真孢丝、多数种类缺乏拟孢丝。本属与隔马勃属 *Vascellum* 的区别在于后者的担子果地上生、具假隔膜。

烟色明马勃　图 46　图版Ⅶ-41

Morganella fuliginea (Berk. & M.A. Curtis) Kreisel & Dring, Reprium nov. Spec. Regni
　　veg. 74(1-2): 113. 1967 [1966]. Teng, Fungi of China, p. 671, 1963. Tai, Sylloge
　　Fungorum Sinicorum p. 529, 1979. Liu, The Gasteromycetes of China, p. 81, 1984.

Lycoperdon fuligineum Berk. & M.A. Curtis, in Berkeley, J. Linn. Soc., Bot. 10(no. 46): 345.
　　1868 [1869].

担子果扁球形、近球形至梨形，直径 0.5~2.0 cm，高 0.7~1.4 cm，基部具白色的菌丝束。外包被上半部黑褐色至黑灰色，向基部颜色渐变为浅色，呈黄褐色至灰白色，具大量的细小的刺，幼时多少呈毡状，近基部的刺较细长；内包被淡黄色，纸质，光滑，顶端具孔口，不规则撕裂状。不孕基部小，高 0.1~0.4 cm，致密，浅黄色至黄白色。孢体成熟时粉末状，橄榄褐色至褐色。外包被的刺由多少等经的、呈链状排列的细胞构成。孢丝无。拟孢丝大量，薄壁，透明，分支，具隔，直径 3.0~8.0 μm。担孢子球形，直径 3.0~5.0 μm，光镜下具细刺，刺长 0.4~1.0 μm，扫描电镜下呈直立的、圆锥形或角状的刺，褐色，中央具一油滴，具短柄，有时难于观察。

模式标本产于古巴。

分布：中国(吉林、江西、广西、海南、四川、贵州、云南、西藏、新疆、台湾)；阿根廷，玻利维亚，巴西，哥斯达黎加，古巴，墨西哥，巴拿马，秘鲁，美国，委内瑞拉。

标本研究：吉林露水河，海拔 625 m，2004 年 8 月 10 日，L.F. Zhang 349(HKAS 5320，原定名为 *Lycoperdon pedicellatum* Peck)。江西，1936 年 9 月，Deng Xiang-kun 17167(HMAS 18588)。广西隆林，1957 年 10 月 19 日，徐连旺 44(HMAS 23928)；1957

年 10 月 23 日,徐连旺 306(HMAS 23930);东兰,1958 年 1 月 19 日,徐连旺 787(HMAS 23929)。海南,朽木上生,1934 年 6 月 18 日,Deng Xiang-kun 3504(HMAS 09077);朽木上生,1934 年 12 月 13 日,Deng Xiang-kun 7564(HMAS 09086);霸王岭保护区,1988 年 8 月 18 日,郑国杨 14300(HMAS 85918,原定名为 Lycoperdon purpurascens Berk. & M.A. Curtis)。四川大巴山,1958 年 8 月 30 日,余永年等 1214(HMAS 27219)。贵州道真,朽木上生,1988 年 7 月 19 日,宗毓臣等 457(HMAS 57801,原定名为 Lycoperdon pusillum Batsch)。云南红河州绿春县黄连山林下,木生,1973 年 10 月 17 日,张启泰 422 (HKAS 422);红河州绿春县黄连山落沙河腐木上,1973 年 10 月 18 日,李恒 425(HKAS 428);丽江玉龙山黑白水腐木上,1974 年 10 月 31 日,臧穆 787(HKAS 787);高黎贡山波拉,海拔 2200 m,林下,1978 年 7 月 12 日,臧穆 4072(HKAS 4072);瑞丽弄岛镇,路边腐木上生,海拔 1200 m,2003 年 8 月 2 日,罗宏 luo117(HKAS 43656);兰坪县新生桥森林公园嘹望台附近,海拔 3100 m,Zheng H-D 03-357(HKAS 44201,原定名为 Lycoperdon polymorphum Vittad.)。西藏甲格朗县林下云杉枯枝上,1975 年 7 月 26 日,臧穆 345(HKAS 5345,原定名为 Lycoperdon fuligineum Berk. & M.A. Curtis)。新疆阿尔泰山喀纳斯湖畔,云杉 Picea 林下树干基部,木生,2004 年 8 月 29 日,臧穆 14302 (HKAS 47430,原定名为 Lycoperdon fuscum Bonard.)。台湾,1943 年 6 月 10 日,采集号 9289(HMAS 05289,原定名为 L. polymorphum)。

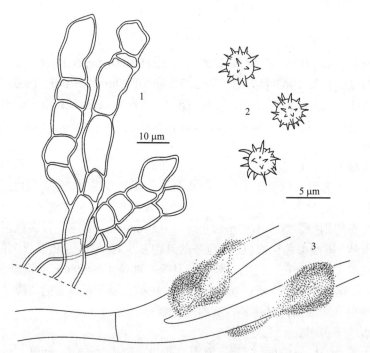

图 46 烟色明马勃 *Morganella fuliginea* (Berk. & M.A. Curtis) Kreisel & Dring(HMAS 18588)
1. 构成外包被表面细胞的链状的细胞;2. 担孢子;3. 拟孢丝

讨论:烟色明马勃 *Morganella fuliginea* 区别于明马勃属其他种的主要特征是外包被具细刺,且刺由近等经的细胞排列成链状组成;内包被光滑;不孕基部小,致密,不呈海绵状。该种与 *Morganella purpurascens* 较为相似,两者的区别在于后者内包被具凹痕,呈顶针状，担孢子表面在光镜下几乎是光滑的。*Morganella afra* Kreisel & Dring 和 *Morganella stercoraria* P. Ponce de León 也具有光滑的内包被，但它们的不孕基部呈海绵状，*M. afra* 的担孢子光镜下具细小的疣，绝非刺状，*M. stercoraria* 的担孢子光镜下几乎是光滑的，有时微粗糙。

隔马勃属 **Vascellum** F. Šmarda

in Pilát, *Fl. ČSR*, B-1, Gasteromycetes: 760. 1958.

担子果近球形、扁球形、陀螺形。外包被呈小刺状、鳞片状，刺的顶端常聚集并愈合，老熟后常脱落，有时部分永存；内包被纸质，光滑或多少糠麸状，顶端具孔口，圆形、椭圆形或撕裂状，真菌坚硬细胞存在或缺失。不孕基部存在、缺失或发达。孢体成熟时粉末状，橄榄褐色。假隔膜存在，显著或否，有时难于观察。孢体成熟时粉末状，有时多少棉絮状，由孢子和拟孢丝组成。拟孢丝薄壁，透明，光滑，具隔，真孢丝缺乏，有时稀少存在且仅见于内包被内侧附近，Lycoperdon-型。担孢子球形至近球形，光镜下光滑至细微有疣状饰纹，具短柄，有时脱落或难于观察。

生境：单生或群生于田野、草丛或混交林中。

模式种：*Vascellum depressum* (Bonord.) F. Šmarda。

《菌物词典》第九版(Kirk et al.，2001)记载该属 10 种，中国产 6 种。

本属以担子果具有假隔膜及孢体缺乏真孢丝为主要特征。该属与马勃属 *Lycoperdon* 较为相似，但马勃属的种没有假隔膜，其孢体均具有大量的孢丝，仅有少数种具有拟孢丝，且直径较窄。假隔膜也出现于静灰球菌属 *Bovistella*，但静灰球菌属的种具有灰球菌型孢丝，不具拟孢丝。此外，隔马勃属成员外包被的刺常顶端弯曲并 6~8 个聚集愈合，形成星芒状的刺——星状刺，呈黄白色或赭黄色；孔口处常具有厚壁的真菌坚硬细胞(mycosclereid)。

中国隔马勃属 *Vascellum* 的分种检索表

1. 担子果大型，直径＞2 cm，假隔膜显著 ……………………………………………………… 2
1. 担子果小型，直径＜2 cm，假隔膜不显著或缺乏 ……………………………………………… 3
   2. 外包被的星状刺分散，刺间呈糠麸状，不呈片状脱落 ……………… 草原隔马勃 **V. pratense**
   2. 外包被的星状刺于基部相互连接，呈片状脱落 ……………… 南美隔马勃 **V. pampeanum**
3. 假隔膜缺乏，不孕基部缺乏 ……………………………………… 柯氏隔马勃 **V. curtisii**
3. 担子果非如上述 ……………………………………………………………………………… 4
   4. 外包被呈细小的刺、颗粒状至糠麸状，密布于内包被表面，呈片状脱落 …………………………
   ……………………………………………………………………… 透明隔马勃 **V. hyalinum**
   4. 外包被非如上述 ……………………………………………………………………………… 5
5. 担子果的假隔膜显著，外包被呈星状刺，分散，刺间糠麸状 …………… 精致隔马勃 **V. delicatum**
5. 担子果的假隔膜存在，外包被呈角锥状疣，顶端常数个聚合进而在老熟后呈片状脱落 …………
   ……………………………………………………………………… 中型隔马勃 **V. intermedium**

柯氏隔马勃 图 47

Vascellum curtisii (Berk.) Kreisel, Feddes Repert. Spec. Nov. Regni Veg. 68: 86. 1963.

Teng, Fungi of China, p. 671, 1963. Tai, Sylloge Fungorum Sinicorum p. 527, 1979. Li, Hu & Peng, Macrofungus Flora of Hunan, p. 338, 1993. Mao, The Macrofungi in China, p. 547, 2000.

Lycoperdon curtisii Berk., N. Amer. Fung.: no. 333. 1859. [1853-1859].

Lycoperdon wrightii Berk. & M.A. Curtis, Grevillea 2(no. 16): 50.1873.

担子果球形至近球形，直径 0.5~1.8 cm，高 0.7~1.4 cm，基部具由土壤和菌丝体组成的菌丝垫，较大，宽可达 1.2 cm，多数几乎接近于担子果直径的 2/3~1/2，具菌丝束，白色，常被土壤包被。外包被形成星状刺，分散，初黄白色，后变为黄色或赭黄色，明亮，位于包被顶端的较大，脱落，刺间呈糠麸状，大部分脱落；内包被淡黄褐色，多少呈糠麸状，有时局部光滑，纸质，顶端具孔口，小，圆形或不规则撕裂状，具真菌坚硬细胞。不孕基部小至无，黄白色。孢体成熟时粉末状，橄榄褐色。假隔膜不明显或缺乏。孢丝无。拟孢丝大量，薄壁，透明，直至多少波曲，偶具结状突起或二叉状分支，具隔，直径 2.5~6.0 μm。担孢子球形至近球形，直径 3.0~4.0 μm，光镜下光滑至具细小的疣，扫描电镜下疣不均一，多少圆锥形，淡色至黄色，中央具一油滴，具短柄，小梗碎片缺乏。

模式标本产地不详。

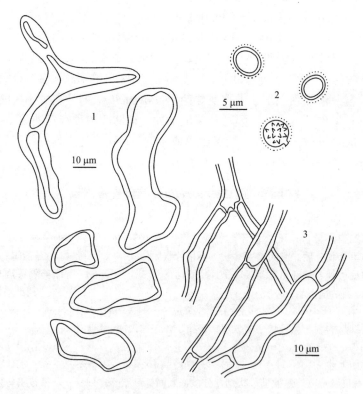

图47　柯氏隔马勃 *Vascellum curtisii* (Berk.) Kreisel（HMAS 33921）
1. 真菌坚硬细胞；2. 担孢子；3. 拟孢丝

分布：中国（北京、河北、山西、江苏、江西、广东、四川、贵州、云南、西藏、陕西、青海）；美国，阿根廷，巴西。

标本研究：北京潭柘寺，地上生，1955 年 9 月 27 日，赵继鼎（HMAS 17475，原定名为 *Lycoperdon wrightii* Berk. & M.A. Curtis）；1955 年 9 月 27 日，郑儒永（HMAS 17477，原定名为 *L. wrightii*）；1958 年 7 月 25 日，邓叔群 6091（HMAS 27251，原定名为 *L. wrightii*）；1962 年 9 月 14 日，郭道莲（HMAS 32527，原定名为 *L. wrightii*）；1957 年 7 月 15 日，邓叔群 4805（HMAS 20005，原定名为 *L. wrightii*）；邓叔群 4806（HMAS 20006，原定名为 *L. wrightii*）；1959 年 8 月，邓叔群（HMAS 27261，原定名为 *L. wrightii*）；百花山，地上生，1957 年 9 月 1 日，马启明 1630（HMAS 26603，原定名为 *L. wrightii*）；1964 年 9 月 13 日，郑儒永等 332（HMAS 33921，原定名为 *L. wrightii*）。河北小五台山，1935 年，Deng Xiang-kun 11298（HMAS 17478，原定名为 *L. wrightii*）；1957 年 8 月 12 日，徐连旺 198（HMAS 27257，原定名为 *L. wrightii*）；地上生，1957 年 8 月 12 日，徐连旺 198（HMAS 27257，原定名为 *L. wrightii*）。山西沁水，草地上生，1985 年 8 月 22 日，秦孟龙 1120（HMAS 88625，原定名为 *L. wrightii*）。江苏，1918 年 8 月 2 日，E. Licent 1043（HMAS 29221，原定名为 *L. wrightii*）。江西南康，1954 年 4 月 6 日，姜广正（HMAS 17476，原定名为 *L. wrightii*）。广东湛江，木麻黄 *Casuarina equisetifoli* 林下，1988 年 8 月 11 日，弓明钦 88006（HKAS 22405，原定名为 *Lycoperdon pusillum* Batsch）。四川省百玉县海子山，海拔 4510 m，2006 年 8 月 20 日，葛再伟 1327（HKAS 50907）。贵州碧江，1978 年 6 月 4 日，纪大干 3857（HKAS 3857）。云南昆明金殿云南松下林下，海拔 1900 m，陈可可 188［HKAS 23394，原定名为 *Lycoperdon asperum* (Lév.) de Toni］；嵩明阿子营云南松林下，海拔 2000 m，2001 年 8 月 3 日，于富强 497（HKAS 38692，原定名为 *L. wrightii*）；昆明老白龙云南松林旁草地上，海拔 2000 m，2000 年 7 月 24 日，于富强 17（HKAS 38945，原定名为 *L. wrightii*）。西藏芒康县县城附近，海拔 3800 m，2004 年 7 月 23 日，杨祝良 4174（HKAS 45560）；昌都县邱卡桥附近，海拔 3200 m，2004 年 7 月 27 日，杨祝良 4190（HKAS 45575）。陕西，1916 年 9 月 9 日，E. Licent 285（HMAS 29222，原定名为 *L. wrightii*）；太白山，1963 年 8 月 27 日，马启明、宗毓臣 2990（HMAS 33220，原定名为 *L. wrightii*）。青海皇城，地上生，1958 年 9 月 11 日，马启明 971（HMAS 27258，原定名为 *L. wrightii*）；1958 年 9 月 10 日，马启明 969（HMAS 27255，原定名为 *L. wrightii*）；地上生，1958 年 9 月 11 日，马启明 971（HMAS 27258，原定名为 *L. wrightii*）；祁连山，地上生，1958 年 8 月 20 日，马启明 592（HMAS 27259，原定名为 *L. wrightii*）。地点不详，1917 年 7 月 29 日，E. Licent 818（HMAS 29215，原定名为 *L. pusillum*）。

讨论：柯氏隔马勃的主要特征为担子果小型，假隔膜不明显或缺乏，不孕基部小至无，外包被的星状刺脱落，担孢子光镜下光滑至具细小的疣。

精致隔马勃 图 48 图版Ⅶ-42

Vascellum delicatum Homrich, *in* Homrich & Wright, Can. J. Bot. 66(7): 1292. 1988.

担子果扁球形，直径 1.2~1.8 cm，高 1.3~1.6 cm，向基部渐狭，形成一倒圆锥形至较扁的基部，高 0.3~0.5 cm，基部具由土壤和菌丝体组成的菌丝垫，小。外包被形成星状刺，分散，初黄白色，后变为黄色或赭黄色，明亮，位于包被顶端的较大，易脱落，刺间呈糠麸状，常永存或部分脱落；内包被浅黄褐色，光滑，纸质，顶端具孔口，小至不规则撕裂状，具真菌坚硬细胞。不孕基部存在，小，倒圆锥形，海绵状，高 0.3~0.5 cm，黄白色。孢体成熟时粉末状，浅黄色至灰黄色。假隔膜薄，明显。孢丝无。拟孢丝大量，薄壁，透明，分支，具隔，直径 2.5~10.0 μm。担孢子球形，直径 3.8~5.0 μm，光镜下光滑至具细小的疣，扫描电镜下可见疣较小，多少圆锥形，散布，偶相互连接，淡黄色，中央具一油滴，具短柄，小梗碎片缺乏。

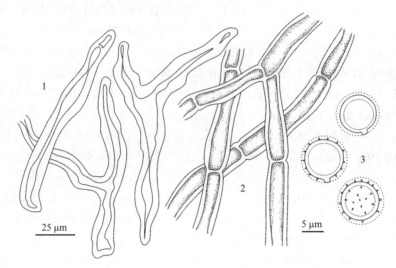

图 48　精致隔马勃 *Vascellum delicatum* Homrich（HMAS 70067）
1. 孔口的真菌坚硬细胞；2. 拟孢丝；3. 担孢子

模式标本产于智利圣地亚哥。

分布：中国（北京、新疆）；阿根廷，智利。

标本研究：北京，地上生，1993 年 8 月 9 日，应建浙 9307（HMAS 69553，原定名为 *Lycoperdon perlatum* Pers.）。新疆，1995 年 8 月，Wang Ju-yan 422（HMAS 70067，原定名为 *Lycoperdon* sp.）

讨论：精致马勃的主要特征是担子果小，外包被呈星状刺及糠麸状，不孕基部小，假隔膜明显，担孢子光镜下光滑至具细小的疣。

透明隔马勃　图 49　图版Ⅷ-43

Vascellum hyalinum Homrich, *in* Homrich & Wright, Can. J. Bot. 66(7): 1296. 1988.

担子果近球形、扁球形，直径 0.8~1.5 cm，高 0.7~2 cm，向基部渐狭，有时形成一小的短柄。外包被形成非常小的圆锥形细刺，向包被顶端渐大，向基部则渐小并渐呈细小颗粒状至糠麸状，密布于内包被表面而呈连续的一层，浅黄褐色或灰黄色，老熟后呈小片状脱落；内包被浅黄色，光滑，纸质，顶端具孔口，小，圆形或不规则撕裂状，具真菌坚硬细胞。不孕基部存在，小，海绵状，直径 0.4~0.6 cm，长 0.2~0.4 cm，黄白色。孢体成熟时多棉絮状，灰黄色。假隔膜薄，不明显。孢丝无。拟孢丝大量，薄壁，极透明，常衰败，分支，具隔，直径 2.6~12.5 μm。担孢子球形至近球形，直径 3.2~4.0 μm，光镜下具细小的疣，扫描电镜下疣不均一，散布，多少圆锥形或细柱状，淡黄色，中央具一油滴，具短柄，小梗碎片缺乏。

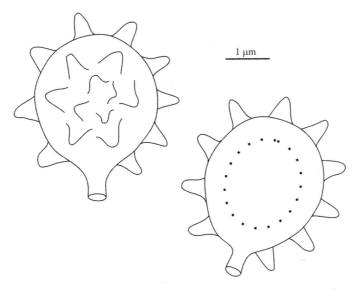

图 49　透明隔马勃 *Vascellum hyalinum* Homrich（HMAS 01965）

模式标本产于巴西里奥格兰德。

分布：中国（海南、四川、云南）；阿根廷，巴西。

标本研究：海南，1956 年 8 月，姜广正 4857（HMAS 20197，原定名为 *Lycoperdon pusillum* Batsch）。四川康定六巴乡，海拔 3400 m，1996 年 9 月 9 日，袁明生 2687（HKAS 31135，原定名为 *Lycoperdon polymorphum* Vittad.）。云南大理，地上生，1938 年 8 月 24 日，H.S. Yao、姜广正（HMAS 01462，原定名为 *Lycoperdon gunnii* Berk.）；1938 年 8 月 9 日，C.C. Cheo、姜广正（HMAS 01463，原定名为 *Lycoperdon curtisii* Berk.）；文山，地上生，1938 年 8 月 15 日，Zhao Shi-zan、姜广正（HMAS 01490，原定名为 *L. gunnii*）；1943 年 7 月 20 日，裘维蕃、姜广正（HMAS 02311，原定名为 *L. curtisii*）；昆明，地上生，1938 年 7 月 14 日，C.C. Cheo、姜广正（HMAS 01965，原定名为 *L. curtisii*）。

讨论：透明隔马勃的主要特征是外包被的刺细小且向基部渐呈颗粒状至糠麸状，因呈连续的一层使其在老熟后呈小片状脱落，不孕基部小，孢体成熟时多棉絮状，拟孢丝极透明且常衰败，担孢子小，光镜下具细小的疣。

中型隔马勃　图 50　图版Ⅷ-44

Vascellum intermedium A.H. Smith, Bull. mens. Soc. linn. Lyon 43(Num. spéc.): 417. 1974.

担子果球形、近球形至扁球形，直径 1.5~3 cm，高 1~2.5 cm，向基部渐狭，基部具被土壤包被的小的菌索或菌丝束。外包被呈角锥状疣，顶端弯曲，常数个聚合，初白色至近白色，后变为黄白色至淡黄色，明亮，位于担子果顶端的疣常呈小片状脱落后露出内包被；内包被淡黄色至灰黄色，多少具糠麸状，纸质，顶端具孔口，小或中等大小，圆形或不规则撕裂状，具真菌坚硬细胞。不孕基部小至无，黄白色至灰黄色。孢体成熟时粉末状，灰黄色至橄榄褐色。具假隔膜。孢丝无。拟孢丝大量，薄壁，透明，直至多少波曲，偶具结状突起或二叉状分支，具隔。担孢子球形至近球形，4.0~5.5×4.0~4.5 μm，光镜下微粗糙至具细小的疣，稀疏，扫描电镜下疣呈圆锥形，少，淡色至黄色，中央具一油滴，具短柄，小梗碎片缺乏。

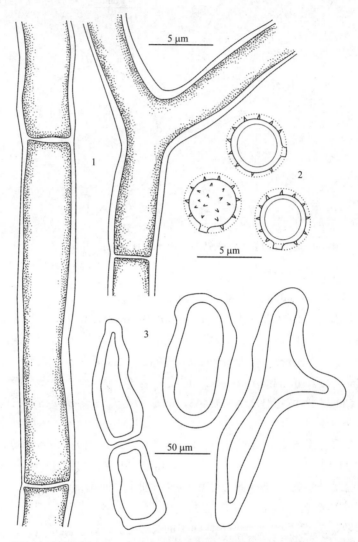

图 50　中型隔马勃 *Vascellum intermedium* A.H. Smith（HMAS 28247）

1. 拟孢丝；2. 担孢子；3. 孔口的真菌坚硬细胞

模式标本产于美国得克萨斯州。

分布：中国(湖南、广西、海南、四川)；美国；欧洲。

标本研究：湖南宜章莽山，混交林中地上群生，1981 年 10 月 2 日，宗毓臣、卯晓岚 80(HMAS 42270，原定名为 *Lycoperdon pusillum* Batsch)。广西龙津县响水，1958 年 9 月 23 日，姜广正 828(HMAS 28246，原定名为 *L. pusillum*)。海南尖峰岭，混交林中地上，1988 年 6 月 11 日，Chen Huan-qiang 15310(HMAS 85933，原定名为 *Lycoperdon perlatum* Pers.)。四川峨眉山伏虎寺，林中地上，1960 年 7 月 21 日，马启明等 489(HMAS 28247，原定名为 *L. pusillum*)。云南省腾冲县来凤山国家森林公园，海拔 1700 m，2003 年 7 月 19 日，王岚(HKAS 43300，原定名为 *L. perlatum*)；宾川县鸡足山，海拔 2350 m，

腐木上，1985 年 8 月 2 日，肖国平 8（HKAS 17254，原定名为 *Lycoperdon pedicelatum* Peck）。

讨论：该种与白被马勃 *Lycoperdon marginatum* Vittad.非常相似，区别在于白被马勃有大量孢丝，拟孢丝偶见，而该种孢丝缺乏，有大量的拟孢丝。此外，中型隔马勃的担子果也常常较小。

南美隔马勃 图 51 图版Ⅷ-45

Vascellum pampeanum (Speg.) Homrich, *in* Homrich & Wright, Can. J. Bot. 66(7): 1286. 1988.

Lycoperdon pampeanum Speg., Contribución al Estudio de la Flora de la Sierra de la Ventana (Buenos Aires): 80. 1896.

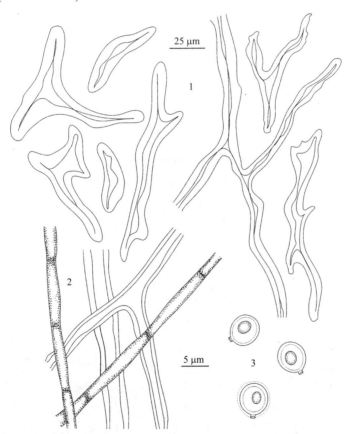

图 51 南美隔马勃 *Vascellum pampeanum* (Speg.) Homrich（HMAS 34617）
1. 孔口的真菌坚硬细胞；2. 拟孢丝；3. 担孢子

担子果扁球形，直径 2.0~4.0 cm，高 1.5~3.0 cm，向基部渐狭，形成一倒圆锥形的基部，基部具由土壤和菌丝体组成的菌丝垫，小。外包被形成星状刺，刺的基部相互连接进而使得外包被在老熟后呈片状脱落，浅黄色或赭黄色，位于包被顶端的刺较大，向基部渐小；内包被浅黄褐色，光滑至稍粗糙，纸质，顶端具孔口，椭圆形、圆形至不规则撕裂状，具真菌坚硬细胞。不孕基部存在，发达，倒圆锥形，海绵状，高 0.3~0.5 cm，黄白色。孢体成熟时粉末状，橄榄色至浅黄褐色。假隔膜显著，平或凸。孢丝无。拟孢丝大量，薄壁，透明，分支，具隔，直径 2.5~5.5 μm。担孢子球形，直径 2.0~4.5 μm，光镜下光滑至具细小的疣，扫描电镜下可见疣较小，稀疏，多少小圆柱状，偶相互连接，淡黄色，中央具一油滴，具短柄，小梗碎片缺乏。

模式标本产于阿根廷。

分布：中国（北京、广西、贵州）；阿根廷。

标本研究：北京百花山，1964 年 9 月 13 日，宗毓臣等 332 a（HMAS 34617，原定名为 Lycoperdon pusillum Batsch）。广西南宁良凤江森林公园，海拔 160 m，1999 年 9 月 1 日，孙佩琼 4484（HKAS 34700，原定名为 L. pusillum）。贵州绥阳宽阔水，海拔 1400 m，水库边箭竹林下，1988 年 6 月 22 日，杨祝良 29（HKAS 20625，原定名为 Lycoperdon gemmatum Fr.）。

讨论：该种的主要特征是外包被具基部相互连接的星状刺，老熟后呈片状脱落，假隔膜显著，担孢子光滑至具细小的疣，扫描电镜下疣较小，稀疏，偶相互连接。

草原隔马勃　图 52　图版Ⅷ-46

Vascellum pratense (Pers.) Kreisel, Feddes Repert.64:159.1962. Teng, Fungi of China, p. 669, 1963. Tai, Sylloge Fungorum Sinicorum p. 529, 1979. Liu, The Gasteromycetes of China, p. 76, 1984. Li, Hu & Peng, Macrofungus Flora of Hunan, p. 357, 1993. Mao, Economic fungi of China, p. 602, 1998. Mao, The Macrofungi in China, p. 547, 2000.

Lycoperdon pratense Pers., Neues Mag. Bot. 1: 87. 1794.

Lycoperdon hyemale Vittad., Mongr. Lycoperd.: 46. 1842.

Lycoperdon hiemale Bull., Herb. Fr. (Paris) 2: 148. 1782 [1781-82].

Lycoperdon depressum Bonord., Bot. Ztg. 15: 611. 1837.

Vascellum depressum (Bonord.)F. Šmarda, Bull. int. Acad. pol. Sci. Lett. 1: 305. 1958.

担子果近球形、梨形或陀螺形，直径 2.4~4.5 cm，高 1.5~3.5 cm，基部具土壤和菌丝体组成的菌丝垫，小，具菌丝束，白色，常被土壤包被。外包被形成星状刺，分散，初黄白色，后变为黄色或赭黄色，明亮，位于包被顶端的较大，易脱落，刺间呈糠麸状，常永存或部分脱落；内包被淡黄色至灰褐色，光滑或有时多少具模糊的网纹，纸质，顶端具形状不规则的孔口，较大，具真菌坚硬细胞。不孕基部发达，海绵状，淡紫粉色至浅灰黄色。孢体成熟时粉末状，黄色、灰黄色至灰褐色。具假隔膜，显著。孢丝无。拟孢丝大量，薄壁，透明，直至多少波曲，分支少，具隔，直径 3~6.5 μm。担孢子球形，淡黄褐色，3.5~5 μm，光镜下具疣，扫描电镜下疣呈圆锥形，淡色至黄色，中央具一油滴，具短柄，小梗碎片缺乏。

模式标本产地不详。

分布：中国（云南、西藏、甘肃、新疆）；英国，以色列。

标本研究：云南武定狮子山云南松林下，海拔 2400 m，2000 年 8 月 22 日，于富强 296（HKAS 38950，原定名为 Lycoperdon pratense Pers.）；昆明植物园山顶，海拔 1980 m，2005 年 10 月 12 日，李化鹏 05-38（HKAS 49923，原定名为 Lycoperdon pusillum Batsch）。西藏察雅县酉西林间草地，海拔 3700~3800 m，1976 年 7 月 12 日，青藏科考队 12381

（HKAS 5805，原定名为 *L. pratense*）；日东布劳龙，海拔 4000 m，1982 年 9 月 9 日，臧穆 5234（HKAS 16971，原定名为 *L. pratense*）。甘肃武都，地上生，1992 年 9 月，卯晓岚（HMAS 66115）；新疆阿勒泰布尔津禾木，牧场，海拔 1190 m，2006 年 8 月 6 日，范黎（BJTC 06080620，BJTC 06080622，BJTC 06080623，BJTC 06080628）；昭苏，地上生，1959 年 5 月 28 日，Liu Heng-ying 和 Liu Rong 419（HMAS 25696）；托木尔峰，1978 年 7 月 15 日，孙述宵、文化安、卯晓岚 426（HMAS 39347，原定为 *Lycoperdon wrightii* Berk. & M.A. Curtis）

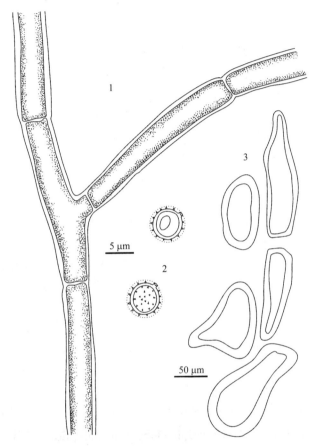

图 52　草原隔马勃 *Vascellum pratense* (Pers.) Kreisel（HMAS 66115）
1. 拟孢丝；2. 担孢子；3. 真菌坚硬细胞

讨论：该种的主要特征是外包被的星状刺分散，假隔膜显著，担孢子光镜下具疣，扫描电镜下疣呈圆锥形，分散。

据其分隔不孕基部与产孢组织的假隔膜及孢体中大量的拟孢丝可与马勃科其他属的种相区分；在静灰球菌属中出现相似的假隔膜，但后者是真孢丝且孢丝为灰球菌型。

该种生长在草地的空处，常在雨后发生，夏末秋初子实体散生、近群生、单生于林中腐枝落叶较多的地上。

栓皮马勃科 Mycenastraceae Zeller
Mycologia 40(6): 648. 1948.

担子果地上生，无柄。包被两层，外包被脱落，内包被厚，木栓质，不规则星状开裂。孢体成熟时粉状，由孢丝和担孢子组成。孢丝具短而粗壮的刺，担孢子多少具网纹。

模式属：栓皮马勃属 *Mycenastrum* Desv.。

中国有 1 属。

栓皮马勃属 **Mycenastrum** Desv.

Annls Sci. Nat., Bot., sér. 2 17: 147. 1842

担子果近球形、倒卵形或梨形，不孕基部缺乏。包被双层，外包被薄，光滑，易脱落；内包被厚、栓皮质，上部不规则开裂，常呈星状。孢体粉末状，由担孢子和孢丝组成。孢丝粗，简单或具有短的分支，具短而粗壮的刺，无纹孔；孢子球形，多少具网纹。

生境：生于草原地上或沙壤中地，单生或群生。

模式种：*Mycenastrum corium* (Guers.) Desv.。

栓皮马勃属 *Mycenastrum* 区别于马勃科其他属的主要特征是该属担子果的内包被厚、栓皮质，呈不规则星状开裂，孢丝具短而粗壮的刺。

《菌物词典》(第十版)(Kirk et al., 2008)记载全世界有 1 种，我国报道 1 种。分布于中国；澳大利亚，新西兰，南非；亚洲，欧洲，北美洲，南美洲。

栓皮马勃 图 53 图版Ⅷ-47, 48

Mycenastrum corium (Guers.)Desv., Annls Sci. Nat., Bot., Sér. 2, **17**: 147. 1842. Liu, The Gasteromycetes of China, p. 96, 1984. Mao, Economic fungi of China, p. 607, 1998. Mao, The Macrofungi in China, p. 551, 2000.

Lycoperdon corium Guers., in Lamarck & de Candolle, Fl. franç., Edn 3 (Paris) 2: 598. 1805.

Scleroderma corium (Guers.) A.H. Graves, in Duby, Bot. Gall., Edn 2 (Paris) 2: 852. 1830.

Sterrebekia corium (Guers.) Fr., K. svenska Vetensk-Akad. Handl. 69: 150. 1849 [1848].

担子果近球形，直径 5~15 cm，基部收缩，不孕基部缺乏；外包被软，白色，成熟后逐渐脱落，有时部分残留如鳞片状；内包被褐色，木栓质，厚 2~3 mm，成熟后常不规则开裂。孢体幼时青黄色，后变为浅烟色至淡褐色。孢丝厚壁，淡黄色，有主干，分支短，末端具短而粗壮的刺，直径 8~10 μm，无纹孔。担孢子球形，直径 8.5~11.5 μm，黄褐色，光镜下多少具网纹，扫描电镜下呈密或稀疏分布的近圆形凹穴。模式标本产于欧洲。

分布：中国(内蒙古)；巴基斯坦，南非，澳大利亚，新西兰，德国，英国，波兰，西班牙，匈牙利，阿根廷，美国，墨西哥。

标本研究：内蒙古锡林郭勒大草原云杉自然保护区附近，2006 年 7 月 22 日，范黎(BJTC 060722180, BJTC 060722182)。内蒙古, 2006 年 7 月 22 日, 范黎(BJTC 060722181)。

讨论：该种区别于马勃科其他种的特征为厚的木栓质内包被、具短刺的孢丝、多少具网纹的担孢子。

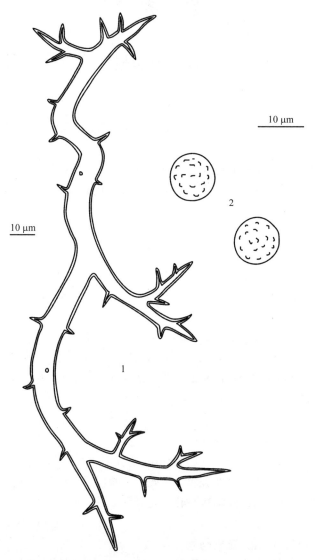

图 53　栓皮马勃 *Mycenastrum corium* (Guers.) Desv.（BJTC 060722182）
1. 孢丝；2. 担孢子

附 录 I

中国文献中记载的马勃目马勃科、栓皮马勃科存疑种注释

Abstoma reticulatum G. Cunn. 网纹无口灰包

该名称见于蒲训等(1994)，作者没有给出种的描述。我们未见到标本。

Calvatia saccata (Vahl ex Fr.) Morg. var. *brevipes* Hollós 短柄袋形秃马勃

该名称见于《中国真菌总汇》(戴芳澜，1979)。我们研究的在该名称下的中国馆藏标本均不符合该种的特征。

Calvatiella lioui Chow 小秃马勃

该名称见于《中国真菌总汇》(戴芳澜，1979)。本研究未能见到该种的标本。目前学术界的主流观点是将 *Calvatiella* C. H. Chow 作为 *Bovistella* Morgan 的异名处理。

Lasiosphaera fenzlii Reich. 脱被毛球马勃

该名称见于《中国真菌总汇》(戴芳澜，1979)。中国科学院菌物标本馆在该名称下的两份标本 HMAS 23656 和 HMAS 25939 不是该种。目前学术界将 *Lasiosphaera* 作为 *Calvatia* 的异名处理。

Lycoperdon acuminatum Bosc 尖马勃

该名称是 *Bovista acuminata* (Bosc) Kreisel 的异名。该名称见于《中国真菌总汇》(戴芳澜，1979)、《中国的真菌》(邓叔群，1963)和蒲训等(1994)。我们见到的唯一一份该名称下的中国馆藏标本(HMAS 28234)不是该种。

Lycoperdon glabrescens Berk. 光皮马勃

该名称见于《中国真菌总汇》(戴芳澜，1979)、《中国的真菌》(邓叔群，1963)、《广东省大型真菌志》(毕志树等，1994)和蒲训等(1994)。我们仅见到 1 份该名称下的中国馆藏标本，但不是该种。

Lycoperdon gunnii Berk. 冈恩马勃

该名称是 *Bovista gunnii* (Berk.) Kreseil 的异名。该名称仅见于《中国真菌总汇》(戴芳澜，1979)。我们研究的该名称下的中国馆藏标本均不符合该种。

Lycoperdon hongkongense Berk. & M.A. Curtis 香港灰包

该名称是 *Bovista delicata* (Berk. & M.A. Curtis) Kreseil 的异名。该名称见于《中国

的真菌》（邓叔群，1963）。我们仅见到 4 份该名称下的馆藏标本，但均不是该种。

Lycoperdon monstruosum Arc. 畸形马勃

该名称仅见于《中国真菌总汇》（戴芳澜，1979）。我们没有见到该名称下的标本。

Lycoperdon oblongisporum Berk. & M.A. Curtis 长孢马勃

该名称是 *Bovista delicata* (Berk. & M.A. Curtis) Kreseil 的异名。该名称见于《中国真菌总汇》（戴芳澜，1979）、《中国的真菌》（邓叔群，1963）。我们仅见到 3 份该名称下的馆藏标本，但均不符合该种。

Lycoperdon pedicellatum Peck 小柄马勃

该名称是 *Lycoperdon caudatum* J. Schröt.的异名。我们研究的该名称下的中国馆藏标本均不符合该种。

Lycoperdon polymorphum Vittad. 多形马勃

该名称是 *Bovista polymorpha* (Vittad.) Kreseil 的异名。该名称见于《中国真菌总汇》（戴芳澜，1979）、《中国的真菌》（邓叔群，1963）、蒲训等(1994)和应国华等(1988)。我们所研究的该名称下的馆藏标本均不符合该种。

Lycoperdon purpurascens Berk & M.A. Curtis 紫马勃

该名称见于《中国真菌总汇》（戴芳澜，1979）、《广东省大型真菌志》（毕志树等，1994)和蒲训等(1994)。我们见到的唯一一份该名称下的馆藏标本不是该种。

Lycoperdon pusillum Bastch ex Pers. 小马勃

该名称是 *Bovista pusilla* (Batsch) Pers.的异名。该名称见于《中国真菌总汇》（戴芳澜，1979)，也大量出现在我国许多地区资源调查的文献当中。但是，到目前为止，我们研究过的所有中国馆藏标本均不是该种。

参 考 文 献

巴图. 2005. 内蒙古高格斯台罕乌拉自然保护区大型真菌区系调查. 吉林农业大学学报, 27(1): 29-34

毕志树, 郑国扬, 李泰辉. 1990. 粤北山区大型真菌志. 广州: 广东科技出版社: 450

毕志树, 郑国扬, 李泰辉. 1994. 广东大型真菌志. 广州: 广东科技出版社: 874

戴芳澜. 1979. 中国真菌总汇. 北京: 科学出版社: 1527

戴贤才, 李泰辉, 张伟. 1994. 四川省甘孜州菌类志. 成都: 四川科学技术出版社: 330

戴玉成, 图力古尔. 2007. 中国东北野生食药用菌图志. 北京: 科学出版社: 231

邓叔群. 1963. 中国的真菌. 北京: 科学出版社: 808

刁治民. 1998. 青海蕈菌种类资源的研究. 青海科技, 5(1): 4-9

房敏峰. 1992. 陕西省腹菌纲的分类研究(D). 西安: 西北大学

何宗智. 1987. 庐山的食用菌. 南昌大学学报(理科版), 11(3): 9-15

何宗智. 1991. 江西大型真菌资源及其生态分布. 南昌大学学报(理科版), 15(3): 5-13

何宗智. 1996. 江西腹菌纲研究. 南昌大学学报, 20(2): 193-196

黄年来. 1998. 中国大型真菌原色图鉴. 北京: 中国农业出版社: 293

李方. 2011. 黑石顶大型真菌图鉴. 广州: 中山大学出版社: 193

李建宗, 胡新文, 彭寅斌. 1993. 湖南大型真菌志. 长沙: 湖南师范大学出版社: 418

李静丽. 1994. 陕西腹菌纲真菌的分类研究. 西北植物学报, 14(5): 109-125

李茹光. 1991. 吉林省真菌志(第一卷). 长春: 东北师范大学出版社: 528

李玉, Azbukina ZM. 2011. 乌苏里江流域真菌. 北京: 科学出版社: 356

李玉, 李泰辉, 杨祝良, 图力古尔, 戴玉成. 2015. 中国大型菌物资源图鉴. 郑州: 中国农民出版社: 1351

李玉, 图力古尔. 2003. 中国长白山蘑菇. 北京: 科学出版社: 362

李兆兰, 郁文焕, 曹幼琴. 1985. 江苏大型真菌资源调查. 南京大学学报(自然科学版), 21(2): 335-347

林晓民, 赵永谦, 陈根强, 王少先. 2011. 河南菌物志(卷一). 北京: 中国农业出版社: 361

刘波. 1974. 中国药用真菌. 太原: 山西人民出版社: 302

刘波. 1991. 山西大型食用真菌. 太原: 山西高校联合出版社: 132

刘同德. 2002. 马勃治疗拔牙术后出血. 新中医, 34(4): 29-29

刘旭东. 2004. 中国野生大型真菌彩色图鉴. 北京: 中国林业出版社: 262

马启明, 赵友春, 赵晓华. 1987. 山东省野生大型真菌名录. 山东省科学院院刊. No.1.(已停刊)

卯晓岚. 1985. 南迦巴瓦峰地区的大型真菌资源. 真菌学报, 4(4): 197-207

卯晓岚. 1998. 中国经济真菌. 北京: 科学出版社: 762

卯晓岚. 2000. 中国大型真菌. 郑州: 河南科学技术出版社: 719

卯晓岚, 庄剑云. 1997. 秦岭真菌. 北京: 中国农业科技出版社: 181

卯晓岚, 蒋长坪, 欧珠次旺. 1993. 西藏大型经济真菌. 北京: 北京科学技术出版社: 651

孟延发, 杨国玲, 周秀芳. 1990. 马勃多糖的研究. 兰州大学学报(自然医学版), 26(2): 992-1021

南京中医药大学. 2006. 中医药大辞典. 上海: 上海科技出版社

蒲训, 顾龙云, 刘冯. 1994. 甘肃大型真菌灰包科调查初报. 西北植物学报, 14(6): 84-90

尚衍重, 任玉柱, 侯振世, 等. 1998. 内蒙古的真菌资源. 吉林农业大学学报(增刊), S1: 221

孙菊英, 郭朝晖. 1994. 十种马勃体外抑菌作用的实验研究. 中药材, 17(4):372-381

田呈明. 2000. 太白山自然保护区大型真菌生态分布及资源评价. 西北林学院学报, 15(3): 62-67

王法渠. 1987. 迭部县大型真菌资源名录. 食用菌, 4: 2-4

王云章, 臧穆, 马启明. 1983. 西藏真菌. 北京: 科学出版社: 226

魏秉刚. 1983. 广西野生食用菌初步名录. 广西科学院学报, 1: 145-150

魏景超. 1979. 真菌鉴定手册. 上海: 上海科学技术出版社: 401

吴兴亮. 1989. 贵州大型真菌. 贵阳: 贵州人民出版社: 197

吴兴亮, 戴玉成, 李泰辉, 等. 2011. 中国热带真菌. 北京: 科学出版社: 548

吴元昌, 恰力恒. 2010. 中药马勃用于锯鹿茸止血效果. 当代畜牧, (2): 42- 44

吴元昌, 恰力恒, 阿依登. 2010. 中草药马勃对反刍动物幼畜腹泻的治疗效果. 中国奶牛, 1: 46- 47

胥艳艳, 赵会珍, 刘磊, 等. 2007. 脱盖马勃属两个中国新记录种. 菌物学报, 26(2): 179- 181

徐阿生. 1995. 西藏的腹菌纲真菌资源. 中国食用菌, 14(1): 25-26

徐彪, 赵震宇, 张利莉. 2011. 新疆荒漠真菌识别手册. 北京: 中国农业出版社: 182

殷晓珂. 2009. 试论马勃在治疗慢性胃炎中的运用. 辽宁中医药大学学报, 11(11): 48-49

应国华, 吕以强, 曹若彬, 等. 1988. 浙江大洋山区食药用真菌资源. 食用菌, 6: 2-3

应建浙, 臧穆. 1994. 西南地区大型经济真菌. 北京: 科学出版社: 399

游洋, 包海鹰. 2011. 不同成熟期大秃马勃子实体提取物的抑菌活性及其挥发油成分分析. 菌物学报, 30(3): 477-485

张家辉, 邓洪平, 缙云山. 2011. 蕈菌原色图集. 成都: 西南师范大学出版社: 552

赵震宇, 卯晓岚. 1984. 新疆大型真菌图鉴. 乌鲁木齐: 新疆八一农学院出版社: 93

周彤燊. 2007. 中国真菌志-(第三十六卷), 地星科 鸟巢菌科. 北京: 科学出版社: 167

邹方伦, 宋培浪, 王波. 2009. 贵州高等真菌原色图鉴. 贵阳: 贵州科技出版社: 239

左文英, 尚孟坤, 揣辛桂. 2004. 脱皮马勃的抗炎, 止咳作用观察. 河南大学学报 (医学科学版), 23(3): 65

Afyon A, Yağız D, Konuk M. 2004. Macrofungi of Sinop province. Turkish Journal of Botany, 28(4): 351-360

Ahmad S, Iqbal SH, Khalid AN. 1997. Fungi of Pakistan. Sultan Ahmad Mycological Society of Pakistan, Lahore, Pakistan: 248

Ahmad S. 1950. Morphology of *Disciseda cervina*. Mycologia, 42: 149-160

Ahmad S. 1952. Gasteromycetes of West Pakistan. Lahore: Punjab University Press: 92

Ahmad S. 1956. Fungi of West Pakistan. Bio. Soc. Pak., Lahore, Pakistan: 110.

Aichberger K. 1977. Untersuchungen über den Quecksilbergehalt österreichischer Speisepilze und seine Beziehungen zum Rohproteingehalt der Pilze. Zeitschrift für Lebensmittel-Untersuchung und Forschung, 163(1): 35-38

Alfredo DS, Leite AG, Braga-Neto R, et al. 2012. Two new *Morganella* species from the Brazilian Ámazon rainforest. Mycosphere, 3: 66-71

Alves CR. 2013. Fungos gasteroides (Basidiomycota) no Parque Estadual de São Camilo, Palotina, PR (D). Universidade Federal Do Paraná

Alves CR, Cortez VG. 2013. *Morganella sulcatostoma* sp. nov. (Agaricales, Basidiomycota) from Parana State, Brazil. Nova Hedwigia, 96(3-4): 409- 417

Barbosa MMB, da Silva MA, da Cruz RHSF, et al. 2011. First report of *Morganella compacta* (Agaricales, Lycoperdaceae) from South America. Mycotaxon, 116(1): 381-386

Baseia IG. 2005a. *Bovista* (Lycoperdaceae): dois novos registros para o Brasil. Acta Botanica Brasilica, 19(4): 899-903

Baseia IG. 2005b. Some notes on the genera *Bovista* and *Lycoperdon* (Lycoperdaceae) in Brazil. Mycotaxon, 91:81-86

Bates ST, Roberson RW, Desjardin DE. 2009. Arizona gasteroid fungi I: Lycoperdaceae (Agaricales, Basidiomycota). Fungal Diversity, 37: 153-207

Beneke ES. 1963. *Calvatia*, Calvacin and cancer. Mycologia, 55(3): 257-270

Besl H, Bresinsky A, Einhellinger A. 1982. *Morganella subincarnata* und andere seltene Pilze der submontanen Grasfluren zwischen Garmisch und Mittenwald (Bayern). Zeitschrift fur Mykologie, 48(1): 99-110

Bisht D, Sharma JR, Kreisel H, et al. 2006. A new species and a new record of Lycoperdaceae from India. Mycologia, 95: 91-96

Bottomley AM. 1948. Gasteromycetes of South Africa. Bothalia, 4(3): 473-810

Bowerman CA. 1961. *Lycoperdon* in Eastern Canada with special reference to the Ottawa district. Canadian Journal of Botany, 39(2): 353-383

Burk WR. 1983. Puffball usages among North American Indians. Journal of Ethnobiology, 3: 55-62

Calderón-Villagómez A, Pérez-Silva E. 1989. Consideraciones taxonómicas y nuevos registros de algunas especies del género *Lycoperdon* (Gasteromycetes) en México. Anales del Instituto de Biología de la Universidad Nacional Autonóma de México, Série Botánica, 59: 1-30

Calonge FD. 1990. Check-list of the Spanish Gasteromycetes (Fungi,Basidiomycotina), Cryptgamic Botany, 2: 33-55

Calonge FD. 1992. El género *Bovista* Pers.: Pers. (Gasteromycetes), en la Península Ibérica e Islas Baleares. Boletín de la Sociedad Micológica de Madrid, 17: 101-113

Calonge FD. 1998. Gasteromycetes, I. Lycoperdales, Nidulariales, Phallales, Sclerodermatales, Tulostomatales. Flora Mycologica Iberica, 3: 79-80

Calonge FD, DemoulinV. 1975. Gastéromycétes D'Espagne. Bulletin trimestriel de la societe mycologique de France, 91(2): 247-292

Calonge FD, Martín MP. 1990. Notes on the taxonomical delimitation in the genera *Calvatia, Gastropila* and *Langermannia* (Gasteromycetes). Boletín de la Sociedad Micológica de Madrid, 14: 181-190

Calonge FD, Verde L. 1996. Nuevos datos sobre los Gasteromycetes de Venezuela. Boletín de la Sociedad Micológica de Madrid, 21: 201-217

Calonge FD, Mata M. 2006. Adiciones y correcciones al catálogo de Gasteromycetes de Costa Rica. Additions and corrections to the catalogue of Gasteromycetes from Costa Rica. Boletín de la Sociedad Micológica de Madrid, 30: 111-119

Calonge FD, Vidal JM, Demoulin V. 2000. *Lycoperdon umbrinoides* Dissing & Lange (Gasteromycetes), a tropical fungus present in Europe. Boletín de la Sociedad Micológica de Madrid, 25: 55-58

Calonge FD, Mata M, Carranza J. 2003. *Calvatia sporocristata* sp.nov. (Gasteromycetes) from Costa Rica, Revista de Biología Tropical, 51(1): 79-84

Calonge FD, Kreisel H, Guzman G. 2004. *Bovista sclerocystis*, a New Species from Mexico. Mycologia, 96 (5): 1152-1154

Christakopoulos P, Tzia C, Kekos D, et al. 1992. Production and characterization of extracellular lipase from *Calvatia gigantea*. Applied Microbiology and Biotechnology, 38(2): 194-197

Cleland JB. 1934-1935. Toadstools and mushrooms and other large fungi of South Australia. Adelaide: Government Printer (repr. 1976): 178

Cochran KW, Lucas EH. 1959. Chemoprophylaxis os polimycelitis in mice through the administration of plant extracts. Antibiotics Annual, 1958-1959: 104-109

Cochran KW, Nishikawa T, Beneke ES. 1967. Botanical sources of influenza inhibitors. Antimicrobial Agents and Chemotherapy, 1966: 515-520

Coetzee JC. 2007. Contributions towards a new classification of *Calvatia* Fr. (Lycoperdaceae) in southern Africa (D). University of Pretoria

Coetzee JC, van Wyk AE. 2003a. Author citation and publication date of the name *Calvatia craniiformis*. Bothalia, 33: 160

Coetzee, JC, van Wyk AE. 2003b. *Calvatia* sect. *Macrocalvatia* redefined and a new combination in the genus *Calvatia*. Bothalia, 33: 156-158

Coetzee JC, van Wyk AE. 2005. (1687) Proposal to conserve *Calvatia* nom. cons. (Lycoperdaceae) against an additional name, Omalycus. Taxon, 54(2): 541-542

Coetzee JC, van Wyk AE. 2007. (1770) Proposal to conserve *Calvatia* nom. cons.(Basidiomycota, Lycoperdaceae) against an additional name, *Lanopila*. Taxon, 56(2): 598-599

Coetzee JC, van Wyk AE. 2013. Nomenclatural and taxonomic notes on *Calvatia* (Lycoperdaceae) and associated genera. Mycotaxon, 121(1): 29- 36

Coker WC, Couch JN. 1928. The Gasteromycetes of the Eastern United states and Canada. Chapel Hill: The University of North Carolina Press: 201

Cortez VG, Alves CR. 2012. Type study of *Calvatia lachnoderma* from Brazil. Mycosphere, 3(5): 894-898

Cortez VG, Calonge FD, Baseia IG. 2007. Rick's species revision II: *Lycoperdon* benjaminii recombined in *Morganella*. Mycotaxon, 102: 425-429

Cortez VG, Baseia IG, Silveira RMB. 2012. Gasteroid mycobiota of Rio Grande do Sul, Brazil: *Calvatia, Gastropila* and *Langermannia* (Lycoperdaceae). Kew Bulletin, 67(3): 471-482

Cortez VG, Baseia IG, Silveira RMB. 2013. Gasteroid mycobiota of Rio Grande do Sul, Brazil: *Lycoperdon* and *Vascellum*. Mycosphere, 4 (4): 745-758

Cunningham GH. 1944. The Gasteromycetes of Australia and New Zealand. Dunedin: John McIndoe: 236

Demoulin V. 1968. Gastéromycètes de Belgique: Sclerodermatales, Tulostomatales, Lycoperdales. Bulletin du Jardin botanique national de Belgique, 38: 1-101

Demoulin V. 1970. Les specimens de *Lycoperdon* de Bonorden dans l'herbier de Geneve. Taxon, 775-778

Demoulin V. 1971a. *Lycoperdon subpratense* C.G. Lloyd Nomen Rejiciendum. Mycologia, 63(6): 1226-1230.

Demoulin V. 1971b. Observations sur le genre *Arachnion* Schw. (Gasteromycetes). Nova Hedwigia, 21: 641-655

Demoulin V. 1972. Espèces nouvelles ou méconnues du genre *Lycoperdon* (Gastéromycètes). Lejeunia, 62: 1-28

Demoulin V. 1973a. Definition and typification of the genus *Lycoperdon* Tourn. Per Pers. (Gasteromycetes). Persoonia, 7: 151-154

Demoulin V. 1973b. Phytogeography of the fungal genus *Lycoperdon* in relation to the opening of the atlantic. Nature, 242: 123-125

Demoulin V. 1976. Species of *Lycoperdon* with a setose exoperidium. Mycotaxon, 3(2): 275-296

Demoulin V. 1979. The typification of *Lycoperdon* described by Peck and Morgan. Beihefte zur Sydowia, 8: 139-151

Demoulin V. 1983a. *Lycoperdon perlatum* Pers.: Pers. Boletus, 7: 52

Demoulin V. 1983b. Clé dé détermination des espéces du genre *Lycoperdon* présentes dans le sud de l'Europe. Revista de Biologia, 12: 65-70

Demoulin V. 1989. Establishing a check-list of Macromycetes: The European Gasteromycetes. Anales del Jardin Botanico de Madrid, 46: 155-160

Demoulin V. 1993. *Calvatia pachyderma* (Peck) Morg. And *Gastropila fragilis*(lév.) Homrich et Wright, two possible names for the same genus. Mycotaxon, 46: 77-84

Demoulin V, Dring DM. 1975. Gasteromycetes of Kivu (Zaire), Rwanda and Burundi. Bulletin du Jardin botanique national de Belgique, 45: 339-372

Demoulin V, Lange M. 1990 .*Calvatia turneri* (Ellis et Everh.) Demoulin et M. Lange, comb. Nov., the correct name for *C. tatrensis* Hollos. Mycotaxon, 38: 221-226

Demoulin V, Marriott JVR. 1981. Key to the Gasteromycetes of Great Britain. Bulletin of the British Mycological Society, 15: 37-56

Devilliers JJR, Eicker A, Vanderwesthuizen GCA. 1989. A new species of *Bovista* (Gasteromycetes) from South Africa. South African Journal of Botany, 55(2): 156-158

Dickinson TA, Hutchison LJ. 1997. Numerical taxonomic methods, cultural characters, and the systematics of ectomycorrhizal agarics, boletes and gasteromycetes. Mycological Research, 101(4): 477-492

Dissing H. 1963. Studies in the Flora in Tailand. 25. Discomycetes and Gasteromycetes. Dansk Botanisk Arkiv, 23(1): 115-130

Dissing H, Lange M. 1962. Gasteomycetes of Congo. Bulletin du Jardin botanique de l'État a Bruxelles, 32: 325-416

Doğan HH, Öztürk C, Kaşık G, et al. 2007. Macrofungi distribution of Mut province in Turkey. Pakistan Journal of Botany, 38(1): 293-308

Dörfelt H, Bumzaa D. 1986. Gasteromyceten (Bauchpilze) der Mongolischen Volksrepublik. Nova Hedwigia, 43: 87-111

Dring DM. 1964. Gasteromycetes of west tropical Africa. Mycological Paper, 98: 1-58

Dring DM. 1973. Gasteromycetes. *In*: Ainsworth G C, Sussman A S. The Fungi 4B: 451-478

Eckblad FE. 1984. Gasteromycetes from China collected by Dr. Harry Smith 191-1923, 1924-1925 and 1934. Sydowia, 37: 29-42

Ellingsen HJ. 1982. Some gasteromycetes from Northern Thailand. Nordic Journal of Botany, 2: 283-285

Esqueda M, Coronado M, Sánchez, A, et al. 2006. Macromycetes of pinacate and great altar desert biosphere reserve, Sonora, Mexico. Mycotaxon, 95(1): 81-90

Filer TH, Toole ER. 1966. Sweetgum mycorrhizae and some associated fungi. Forest Science, 12(4): 432-437

Fischer E. 1900. Untersuchungen. III. Denkschr. Schweiz Naturf Ges, 36: 1-84

Fischer E. 1933a. Gasteromycetae, in Engler and Prantl's Die Natuerlichen Pflanzenfamilien, 7a, Leipzig Engelmann: 1-122

Fischer E. 1933b. Gastromyceteae Stahelianae. Annales Mycologici, 31(3): 113-125

Friedrich S. 2011. New locations of threatened and protected Gasteromycetes in Northwestern Poland. Polish Journal of Environmental Studies, 20(3): 559-564

Fries EM. 1823. Systema mycologicum, 2. Lund

Gasco A, Serafino A, Mortarini V, et al. 1974. An antibacterial and antifungal compound from *Calvatia lilacina*. Tetrahedron Letters, 15(38): 3431-3432

Giri A, Rana P. 2007. Some higher fungi from Sagarmatha National Park (SNP) and its adjoining areas, Nepal. Scientific World, 5(5): 67-74

Goud MJP, Suryam A, Lakshmipathi V, et al. 2009. Extracellular hydrolytic enzyme profiles of certain South Indian basidiomycetes. African Journal Biotechnology, 8: 354-360

Goulet NR, Cochran KW, Brown GC. 1960. Differential and specific inhibition of ECHO viruses by plant extracts. Experimental Biology and Medicine, 103(1): 96-100

Grgurinovic CA. 1997. Larger Fungi of south Austrilia. Adelaide: Botanic Gardens of Adelaide and State Herbarium: 725

Gube M, Piepenbring M. 2009. Preliminary annotated checklist of Gasteromycetes in Panama. Nova Hedwigia, 89(3-4): 3-4

Guzmán G, Herrera T. 1969. Macromicetos de las zonas áridas de México. II. Gasteromicetos. An Inst Biol Univ Nac Aut Mex, 40: 1-92

Haeggstrom CA. 1997. *Bovista pusilloformis* found in Finland. Memoranda Societatis pro Fauna et Flora Fennica, 73(2): 59-64

Hallgrimsson H. 1988. *Bovista limosa* Rostr. found in Iceland. Natturufraedingurinn, 58(1): 27-30

Hawksworth DL, Sutton BC. Ainsworth GC. 1983. Ainsworth and Bisby's dictionary of the fungi. 7th ed. Kew: Commonwealth Mycological Institute: 414

Hawksworth DL, Kirk PM, Sutton BC, et al. 1995. Ainsworth and Bisby's Dictionary of the Fungi. 8th ed. Wallingford: CAB International: 650

Hernández-Navarro OE, Esqueda M, Gutiérrez A, et al. 2013. Especies de *Disciseda* (Agaricales: Agaricaceae) en Sonora, México. Revista mexicana de biodiversidad, 84: S163-S172.

Hibbett DS, Pine EM, Langer E, et al. 1997. Evolution of gilled mushrooms and puffballs inferred from ribosomal DNA sequences. Proceedings of National Academy of Sciences of the United States of America, 94: 12002-12006

Hollós L. 1903. Die Arten der Gattung *Disciseda* Czern. Hedwigia, 42(1): 20-22

Hollós L. 1904. Die Gasteromyceten Ungarns (Gasteromycetes Hungariae). Leipzig: Oswald Weigel: 278

Homrich MH, Wright, JE. 1973. South American Gasteromycetes. The genera *Gastropila*, *Lanopila* and *Mycenastrum*. Mycologia, 65(4): 779-794

Homrich MH, Wright JE. 1988. South American Gasteromycetes. II. The genus *Vascellum*. Canadian Journal of Botany, 66(7): 1285-1307

Ivancevic B, Beronja J. 2004. First records of macromycetes from the Serbian side of Stara Planina Mts (Balkan Range). Mycologia Balcanica, 1: 15-19

Johnson MM. 1929. The Gasteromycetes of Ohio. Ohio Biological Survey. Bulletin, 22(4): 273-352

Jeppson M, Larsson E, Martín MP. 2012. *Lycoperdon rupicola* and *L. subumbrinum*: two new puffballs from Europe. Mycological Progress, 11(4): 887-897

Kasuya T. 2004. Notes on Japanese Lycoperdaceae. 1: *Lycoperdon umbrinoides*, a tropical fungus newly found in Japan. Mycoscience, 45: 298-300

Kasuya T. 2005. Notes on Japanese Lycoperdaceae. 3. The genus *Calvatia* in the herbarium of Hiratsuka City Museum. Natural Environmental Science Research, 18: 41- 46

Keisel H. 1992. An emendation and preliminary survey of the Genus *Callvatia* (Gasteromycetidae). Persoonia, 14: 431-439

Kekos D, Macris BJ. 1983. Production and characterization of amylase from *Calvatia gigantea*. Applied and Environmental Microbiology, 45(3): 935-941

Khalid AN, Iqbal SH. 2004. *Calvatia ahmadii* sp. nov., from Pakistan. Pakistan Journal of Botany, 36(3): 669-672

Kirk PM, Cannon PF, David JC, et al. 2001. Ainsworth & Bisby's dictionary of the fungi. 9th ed. Wallingford: CAB International: 655

Kirk PM, Cannon PF, Minter DW, et al. 2008. Ainsworth and Bisby's Dictionary of the Fungi. 10th ed. Wallingford: CAB International: 771

Kreisel H, Dring DM. 1967. An emendation of the genus *Morganella* Zeller (Lycoperdaceae). Feddes Repertorium, 74(1-2): 109-122

Kreisel H, Calonge FD. 1993. *Calvatiella* Chow, a synonym for *Bovistella* Morgan. Mycotaxon, 48: 13-25

Kreisel H. 1962. Die Lycoperdaceae der Deutschen Demokratischer Republik. Floristiche und taxonomiche Revision. Feddes Repert, 64: 89-201

Kreisel H. 1964. Vorläufige Übersicht der Gattung *Bovista*. Feddes Repertorium, 69: 196-211

Kreisel H. 1967. Taxonomisch-Pflanzengeographische monographie der gattung *Bovista*. Nova Hedwigia, 25: 1-244

Kreisel H. 1969. Grundzüge eines natürlichen Systems der Pilze. Jena: Gustav Fischer Verlag/Cramer: 245

Kreisel H. 1973. Die Lycoperdaceae DDR. Nachträgen 1962-1971. Bibliotheca Mycologica, 36: 1-13

Kreisel H. 1976. Gasteromyzeten aus Nepal II. Feddes Repertorium, 87(1-2): 83-107

Kreisel H. 1989. Studies in the *Calvatia* complex (Basidiomycetes). Nova Hedwigia, 48: 281-296

Kreisel H. 1993. A key to *Vascellum* (Gasteromycetes) with some floristic notes. Blyttia, 51(3-4): 125-129

Krüger D, Binder M, Fischer M, et al. 2001. The Lycoperdales. A molecular approach to the systematics of somegasteroid mushrooms. Mycologia, 93:947-957

Kujawa A, Bujakiewicz A, Karg J. 2004. *Mycenastrum corium* (Fungi, Agaricales) in Poland. Polish Botanical Journal, 49(1): 63-66

Lange M. 1990. Actic Gasteromycetes II. *Calvatia* in Greenland, Svalbard and Iceland. Nordic Journal of Botany, 9(5): 525-546

Lange M. 1993. Classifications in the *Calvatia* group. Blyttia, 51: 141-144

Larsson E, Jeppson M. 2008. Phylogenetic relationships among species and genera of Lycoperdaceae based on ITS and LSU sequence data from north European taxa. Mycological Research, 112(1): 4-22

Larsson E, Jeppson M, Larsson KH. 2009. Taxomomy, ecology and phylogenetic relationships of *Bovista pusilla* and *B. limosa* in North Europe. Mycological Progress, 8(4): 289-299

Liu B. 1984. The Gasteromycetes of China. Nova Hedwigia, 76: 1-235

Lloyd CG. 1902. The Genera of Gasteromycetes. Bulletin of the Lloyd Library of Botany, Pharmacy and Materia Medica, 3(1): 1-21

Lloyd CG. 1904. Notes on specimens in Fries Herbarium. Mycological Notes, 16:170-172

Lloyd GC. 1905a. The Lycoperdaceae of Australia, New Zealand and the Neighbouring Islands. Mycological Series, 3: 29-34

Lloyd CG. 1905b. The genus *Lycoperdon* in Europe. Mycological Writings, 2: 221-238

Lloyd CG. 1906. The *Lycoperdon* of the United States. Mycol. Writings, 2: 221-244

Lloyd CG. 1918. Rare of interesting fungi received from correspondents. Mycological Notes, 53: 753-764

Lohwag H. 1930. Catastoma juglandiforme, ein afrikanischer Gasteromycete. Plant Systematics and Evolution, 79: 279-285

Long WH. 1917. Notes on new or rare species of Gasteromycetes. Mycologia, 9(5): 271-274

Lugo MA, Crespo EM, Hosaka K, et al. 2012. *Broomeia congregata* Berk., 1844 (Agaricales: Broomeiaceae): New distribution record for San Luis, Argentina. Check List, 8(3): 531-533

Massee G. 1889. A monograph of the British Gastromycetes. Annals of Botany, 1: 1-103

Miller Jr OK, Burdsall Jr HH, Laursen GA, et al. 1980. The status of *Calvatia cretacea* in arctic and alpine tundra. Journal of Botany, 58: 2533-2542

Miwa H, Kasuya T. 2009. Notes on Japanese Lycoperdaceae, 5: First record of *Bovista ochrotricha* from Mt. Oikedake, Mie pref., Central Japan [in Japanese]. Transactions of the Mycological Society of Japan, 50: 124-128

Moncalvo JM, Vilgalys R, Redhead SA, et al. 2002. One hundred and seventeen clades of euagarics. Molecular Phylogenetics and Evolution, 23(3): 357-400

Morales-Zürcher MI, Nassar-Carballo M, Sáenz-Renauld JA. 1974. Lycoperdaceae of Costa Rica. I. The genus *Morganella*. Revista de Biología Tropical, 21(2): 221-227

Moravec Z. 1954. On some species of the genus *Disciseda* and other Gasteromycetes. Sydowia, 8: 278-286

Moravec Z. 1958. *Disciseda*. Flora ČSR, Gasteromycetes, Series B, 1: 377-386

Moreno G, Alté A, Kreisel H. 1998. *Calvatia booniana* (Lycoperdaceae) new from Europe and Asia. Feddes Repertorium, 109(1-2): 41-49

Moreno G, Kreisel H, Ates A. 1996. *Calvatia complutensis* sp. nov. (Lycoperdaceae Gasteromycetes) from Spain . Mycotaxon, 57: 155-162

Moreno G, Altes A, Ochoa C. 2003. Notes on some Type materials of *Disciseda* (Lycoperaceae). Persoonia, 18: 215-223

Moreno G, Esqueda M, Pérez-Silva E, et al. 2007. Some interesting gasteroid and secotioid fungi from Sonora, Mexico. Persoonia-Molecular Phylogeny and Evolution of Fungi, 19(2): 263-278

Moreno G, Lizarraga M, Esqueda M, et al. 2010. Contribution to the study of gasteroid and secotioid fungi of Chihuahua, Mexico. Mycotaxon, 112(1): 291-315

Morgan AP. 1890. North American Fungi. The Gasteromycetes III. Journal of the Cincinnati Society of Natural History, 12: 163-172

Morgan AP. 1892. North American fungi, V. Journal of the Cincinnati Society of Natural History, 14: 141-148

Morse EE. 1935. A new puffball. Mycologia, 27(2): 96-101

Ng TB, Lam YW, Wang H. 2003. Calcaelin, a new protein with translation-inhibiting, antiproliferative and antimitogenic activities from the mosaic puffball mushroom *Calvatia caelata*. Planta Medica. 69: 212-217

Okuda T, Fujiwara A. 1982. Calvatic acid production by the Lycoperdaceae, 2: Distribution among the Gasteromycetes. Transactions of the Mycological Society of Japan, 23: 235-239

Pegler DN, Lassqe T, Spooner BM. 1995. British Puffballs, Earthstars and Stinkhorns an Account of the British Gasteroid Fungi. Kew: Royal Botanic Gardens: 255

Pérez-Silva E, Esqueda-Valle M, Herrera-Suárez T, et al. 2000. *Disciseda verrucosa* (Gasteromycetes) in Mexico. Mycotaxon, 76: 337-341

Perreau J, Heim R. 1971. A propos des *Mycenastrum* représentés ou décrits par N. Patouillard. Revue de Mycologie, 36(2): 81-95

Persoon DCH. 1801. Synopsis Methodica Fungorum, 706 p. Gottingae

Pilát A. 1958. Gasteromycetes. Flora B-1. Prague: Akademie ved Ceské: 862

Poiret JLM. 1808. Ulve, Encycl. méthodique. Botanique, 8: 160-181

Pokorny B, Al Sayegh-Petkovšek S, Ribarič-Lasnik C, et al. 2004. Fungi ingestion as an important factor influencing heavy metal intake in roe deer: evidence from faeces. Science of the Total Environment, 324(1): 223-234

Ponce de Leon P. 1970. Revision of the genus *Vascellum* (Lycoperdaceae). Field Museum of Natural History (Chicago), 32: 124-125

Ponce de León P. 1971. Revision of the genus *Morganella* (Lycoperdaceae). Fieldiana Botany, 34: 27-44

Quélet L. 1873. Les champignons de Jura et des Vosges 11. Mém Soc Ému/ Montb éliard, 4: 374-383

Ramsey RW. 1980. *Lycoperdon nettyana*, a new puffball from western Washington State. Mycotaxon, 11(1): 85-188

Reid DA. 1953. *Bovistella radicata* (Mont.) Pat. A Gasteromycete New to Britain. Kew Bulletin, 1: 47-48

Reid DA. 1977. Some gasteromycetes from Trinidad and Tobago. Kew Bulletin, 65: 76-90

Riffle JW. 1968. Effect of an *Aphelenchoides* species on the growth of mycorrhizal fungi. Nematologica, 14: 14

Roland JF, Chmielewicz ZF, Weiner BA, et al. 1960. Calvacin: a new antitumor agent. Science, 132: 1897

Rostkovius FWT. 1839. Die Pilze Deustschlands. *In*: Sturm J. Deutschlands Flora in Abbildungen nach der Natur mitBeschreibungen. Nuremberg, 132 p

Saccardo PA.1888. Sylloge fungorum 7: 1-882

Sarasini M. 2005. Gasteromiceti epigei. Trento: Associazione Micologica Bresadola

Schröter J. 1889. Pilze. *In*: Dr. F. Cohn's Kryptogamen-Flora von Schlesien. Volume 3, Part 1. Breslau: Kern Verlag (Max Müller): 466

Seidel MT. 1995. Validation of the puffball genus *Calbovista*. Mycotaxon, 54: 389-392

Shannon LJ, Stevenson KE. 1975a. Growth of fungi and BOD reduction in selected brewery wastes. Journal of Food Science, 40: 826-829

Shannon LJ, Stevenson KE.1975b. Growth of *Calvatia gigantea* and *Candida steatolytica* in brewery wastes for microbial protein production and BOD reduction. Journal of Food Science, 40: 830-832

Shantz HL, Piemeisel RL. 1917. Fungus fairy rings in eastern Colorado and their effect on vegetation. Journal of Agriculture Research, 11: 191-245

Sharma BM, Thind KS. 1990. Some interesting Gasteromycetous fungi from eastern Himalaya. Proceedings: Plant Sciences, 100(4): 247- 254

Sharma JR, Pandey KN, Dipika B. 2007. Two new records of the genus *Bovista* Pers: Pers. (Gasteromycetes) from India. Nelumbo (the Bulletin of the Botanic Survey of India), 49(1-4): 225- 230

Silveira VD. 1943. O gênero *Calvatia* no Brasil. Rodriguésia, 16: 63-80

Singer R, Wrigh JE, Horak E. 1963. Mesophelli aceae and Cribbeaceae of Argentina and Brazil. Darwiniana, 12: 598-611

Smith AH. 1951. Puffballs and their allies in Michigan. Ann Arbor: University of Michigan Press: 131

Smith AH. 1974. The genus *Vascellum* (Lycoperdaceae) in the United States. Bulletin de la Société Linnéenne de Lyon (Numéro special), 43: 407- 419

Smith HV, Smith AH. 1973. The Non-gilled Fleshy Fungi. Manassas: William Brown Inc: 402

Sorba G, Bertinaria M, Di Stilo A, et al. 2001. Anti-Helicobacter pylori agents endowed with H 2-antagonist properties. Bioorganic & medicinal chemistry letters, 11(3): 403-406

Suárez VL, Wright JE. 1994. Three new southamerican species of *Bovista* (Gasteromycetes). Mycotaxon, 50: 279- 289

Suárez VL, Wright JE. 1996. South American Gasteromycetes V: The genus *Morganella*. Mycologia, 88: 655-661

Terashima Y, Fukiharu T, Fujiie A. 2004. Morphology and comparative ecology of the fairy ring fungi, *Vascellum curtisii* and *Bovista dermoxantha*, on turf of bentgrass, bluegrass, and Zoysiagrass. Mycoscience, 45(4): 251-260

Toma FM, Ismael HM, Abdulla NQF. 2013. Survey and Identification of Mushrooms in Erbil Governorate. Research Journal of Environmental and Earth Sciences, 5(5): 262- 266

Tracey MV. 1955. Chitinase in some Basidiomycetes. Biochemical Journal, 61(4): 579

Trappe JM. 1962. Fungus associates of ectotrophic mycorrhizae. The Botanical Review, 28: 538-606

Trierveiler-Pereira L, Kreisel H, Baseia IG. 2010. New data on puffballs (Agaricomycetes, Basidiomycota) from the Northeast Region of Brazil. Mycotaxon, 111(1): 411-421

Trierveiler-Pereira L, Wilson AW, da Silveira RMB, et al. 2013. Costa Rican gasteromycetes (Basidiomycota, Fungi): Calostomataceae, Phallaceae and Protophallaceae. Nova Hedwigia, 96(3-4): 3-4

Türkoğlu A. 2008. Macrofungal diversity of Babadağ (Denizli, Turkey). African Journal of Biotechnology, 7(3): 192-200

Vellinga EC. 2004. Genera in the family Agaricaceae: evidence from nrITS and nrLSU sequences. Mycological Research, 108(4): 354-377

Vidal JM, Calonge FD. 1996. *Lycoperdon atrum* Pat. (Gasteromycetes) nuevo para Espana. Boletín de la Sociedad Micológica de Madrid, 21: 375-379

Viterbo D, Gasco A, Serafino A, et al. 1975. p-Carboxyphenyl-azoxycyanide dimethyl sulphoxide: an antibacterial and antifungal compound from *Calvatia lilacina*. Acta Crystallographica Section B: Structural Crystallography and Crystal Chemistry, 31(8): 2151-2153

Winter G. 1884. Die Pilze Deutschlands, Oesterreichs, und der Schweiz. in L. Rabenhorst's Kryptogamen-Flora von Deutschland, 2: 864-922

Wright JE. Wright AM. 2005a. Catálogo de los hongos del Parque Nacional Iguazú (Misiones, Argentina). Boletín de la Sociedad Argentina de Botánica, 40(1-2): 23-44

Wright JE, Wright AM. 2005b. Checklist of the mycobiota of Iguazú national park (Misiones, Argentina). Boletín de la Sociedad Argentina de Botánica, 40(1-2): 23-44

Wu JY, Chen CH, Chang WH, et al. 2011. Anti-cancer effects of protein extracts from *Calvatia lilacina*, *Pleurotus ostreatus* and *Volvariella volvacea*. Evidence-based complementary and alternative medicine, doi:10.1093/ecam/neq057

Yoshie T, Toshimitsu F, Azusa F. 2004. Morphology and comparative ecology of the fairy ring fungi, *Vascellum curtisii* and *Bovista dermoxantha*, on turf of bent grass, blue grass, and Zoysia grass. Mycoscience, 45: 251-260

Young AM, Fechner NA, Ryvarden L. 2004. A preliminary checklist and introductory notes on the macrofungi of Lamington National Park. Australasian Mycologist, 23: 45-52

Yousaf N, Kreisel H, Khalid AN. 2013. *Bovista himalaica* sp. nov. (gasteroid fungi; Basidiomycetes) from

Pakistan. Mycological Progress, 12(3): 569-574

Zang M, Yuan M. 1999. Contribution to the Knowledge of New Basidiomycoteous Taxa from China, Acta Botanica Yunnanica, 21(1): 37-42

Zeller SM. 1947. More notes on Gastermycetes. Mycologia, 39: 282-312

Zeller SM. 1948. Notes on certain Gasteromycetes, including two new orders. Mycologia, 40:639- 668

Zeller SM, Smith AH.1964. The genus *Calvatia* in North America. Lloydia, 27: 148-186

Zhang Y, Zhao Q, Zhou TX, et al. 2010. Diversity and ecological distribution of macrofungi in the Laojun Mountain region, southwestern China. Biodiversity and Conservation, 19(12): 3545- 3563

Zikakis JP, Castle JE. 1988. Chitinase-chitobiase from soybean seeds and puffballs. Methods in Enzymology, 161: 490-497

索 引

真菌汉名索引

真菌学名索引

V

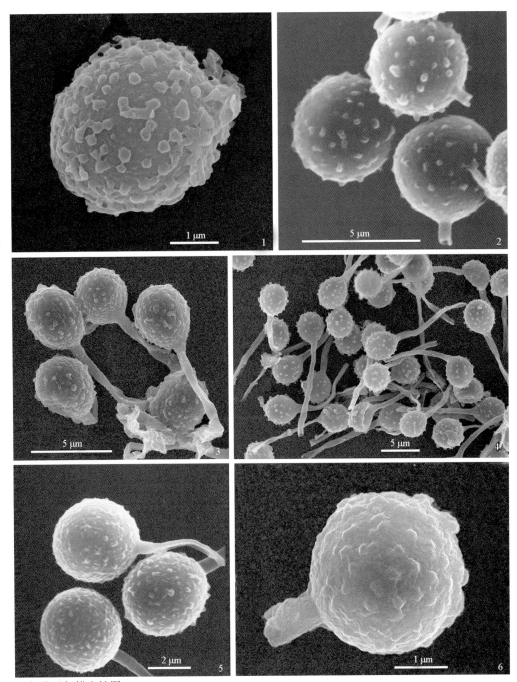

担孢子扫描电镜图

1. 白拟蛛马勃 *Arachniopsis albicans* Long (HMAS 31115)
2. 铜色灰球菌 *Bovista aenea* Kreisel (HMAS 23715)
3. 粗皮灰球菌 *Bovista aspera* Lév. (HMAS 27209)
4. 棕灰球菌 *Bovista brunnea* Berk. (HMAS 81667-2)
5. 柠檬灰球菌 *Bovista citrina* (Berk. & Broome) Bottomley (HMAS 01737)
6. 彩色灰球菌 *Bovista colorata* (Peck) Kreisel (HMAS 01408)

图版 II

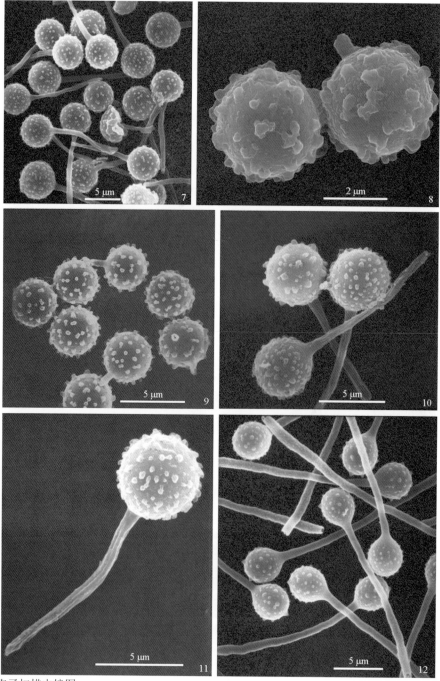

担孢子扫描电镜图

7. 细刺灰球菌 *Bovista echinella* Pat. (HMAS 33520)
8. 坎氏灰球菌 *Bovista cunninghamii* Kreisel (BJTC 06073107)
9. 黄色灰球菌 *Bovista dermoxantha* (Vittad.) De Toni (HMAS 69827)
10. 白斑灰球菌 *Bovista leucoderma* Kreisel (HMAS 18593)
11. 泥灰球菌 *Bovista limosa* Rostr. (HMAS 27208)
12. 长柄灰球菌 *Bovista longissima* Kreisel (HMAS 32301)

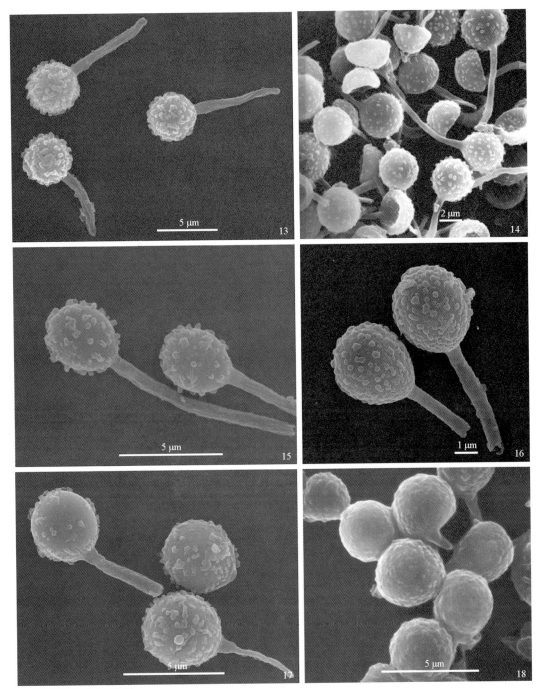

担孢子扫描电镜图

13. 黑灰球菌 *Bovista nigrescens* Pers. (BJTC 06080619)
14. 铅色灰球菌 *Bovista plumbea* Pers. (HMAS 58789)
15. 毛灰球菌 *Bovista tomentosa* (Vittad.) De Toni (BJTC 2006080105)
16. 长根静灰球菌 *Bovistella radicata* (Durieu & Mont.) Pat. (HMAS 07378)
17. 大口静灰球菌 *Bovistella sinensis* Lloyd (HMAS 29032)
18. 白秃马勃 *Calvatia candida* (Rostk.) Hollós (HMAS 76986)

图版 IV

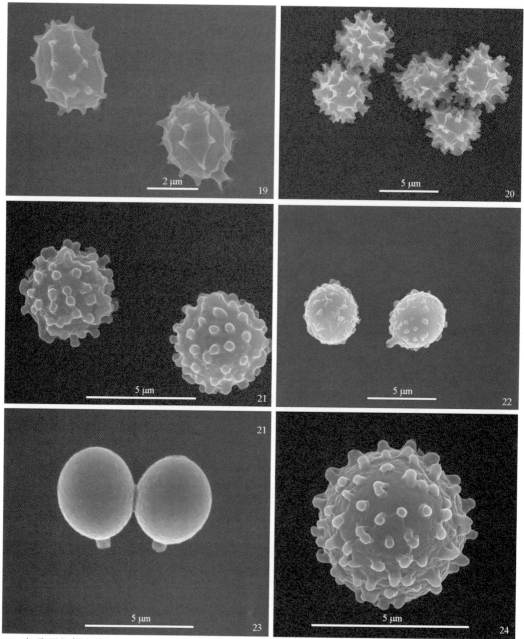

担孢子扫描电镜图

19. 头状秃马勃 *Calvatia craniiformis* (Schwein.) Fr. (HMAS 29688)
20. 杯形秃马勃 *Calvatia cythiformis* (Bosc) Morgan (HMAS 85990)
21. 瓶状秃马勃 *Calvatia excipuliformis* (Scop.) Perdek (HMAS 30171)
22. 大秃马勃 *Calvatia gigantea* (Batsch) Lloyd (HMAS 25939)
23. 厚被秃马勃 *Calvatia pachyderma* (Perk) Morgan (HMAS 32363)
24. 粗皮秃马勃 *Calvatia turneri* (Ellis & Everh.) Demoulin & M. Lange (HMAS 28716)

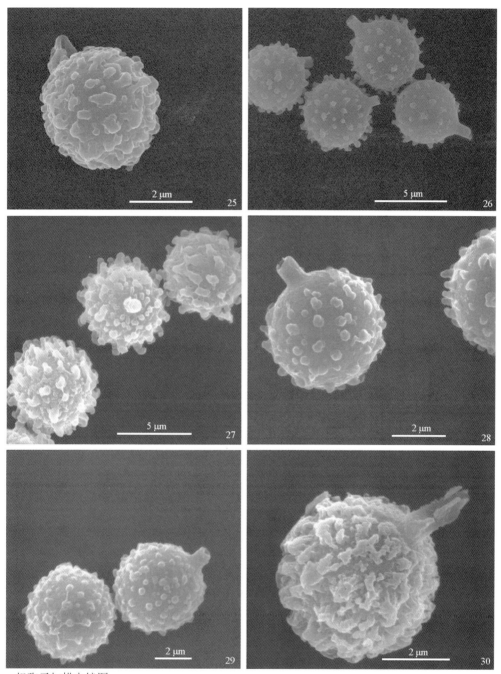

担孢子扫描电镜图

25. 囊状秃马勃 *Calvatia utriformis* (Bull.) Jaap (HMAS 17517)

26. 异脱盖马勃 *Disciseda anomala* (Cooke & Massee) G. Cunn. (HMAS 52693A)

27. 草场脱盖马勃 *Disciseda bovista* (Klotzsch) Henn. (HMAS 32297)

28. 白脱盖马勃 *Disciseda candida* (Schwein.) Lloyd (BJTC 06072236)

29. 脱盖马勃 *Disciseda cervina* (Berk.) G. Cunn. (BJTC 06072212)

30. 地生脱盖马勃 *Disciseda hypogaea* (Cooke & Massee) G. Cunn. (HMAS 34015)

图版 VI

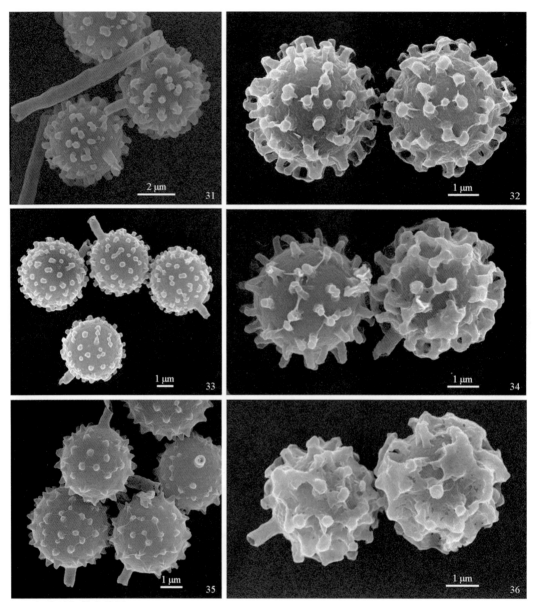

担孢子扫描电镜图

31. 黑紫马勃 *Lycoperdon atroprupureum* Vittad. (HMAS 23711)
32. 兰宾马勃 *Lycoperdon lambinonii* Demoulin (HMAS 27241)
33. 青紫马勃 *Lycoperdon lividum* Pers. (HMAS 27260)
34. 乳形马勃 *Lycoperdon mamiforme* Pers. (HMAS 78194)
35. 白被马勃 *Lycoperdon marginatum* Vittad. (HMAS 24144)
36. 软马勃 *Lycoperdon molle* Pers. (HMAS 85961)

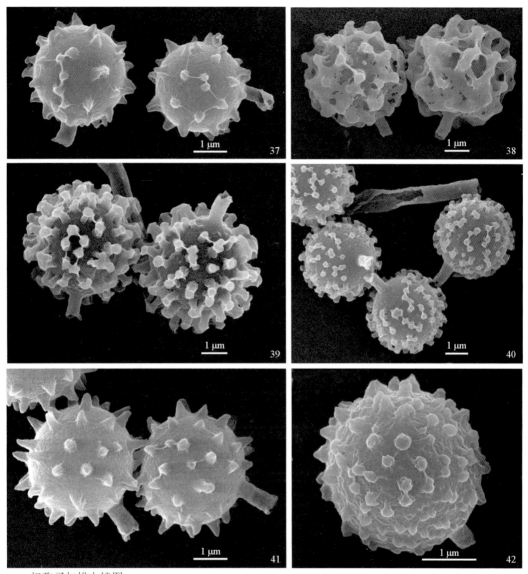

担孢子扫描电镜图

37. 网纹马勃 *Lycoperdon perlatum* Pers. (HMAS 70186)

38. 细刺马勃 *Lycoperdon pulcherrimum* Berk. & M. A. Curtis (HMAS 27234)

39. 裂纹马勃 *Lycoperdon rimulatum* Peck (HMAS 53266)

40. 暗棕马勃 *Lycoperdon umbrinum* Pers. (HMAS 20004)

41. 烟色明马勃 *Morganella fuliginea* (Berk. & M.A. Curtis) Kreisel & Dring (HMAS 18588)

42. 精致隔马勃 *Vascellum delicatum* Homrich (HMAS 70067)

图版 VIII

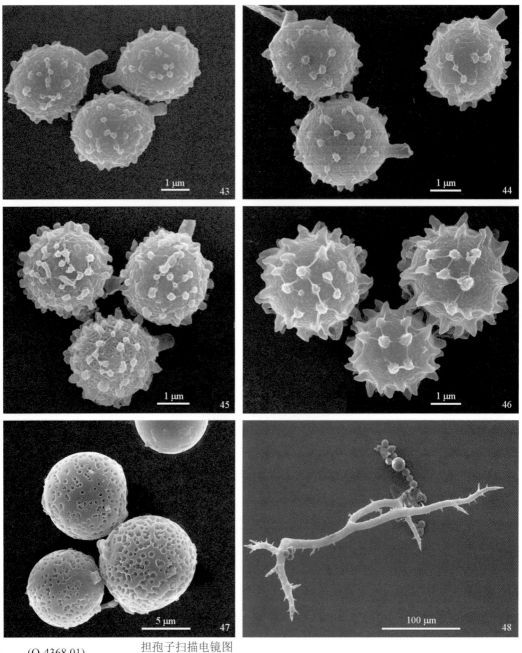

担孢子扫描电镜图

43. 透明隔马勃 *Vascellum hyalinum* Homrich (HMAS 01965)
44. 中型隔马勃 *Vascellum intermedium* A.H. Smith (HMAS 28247)
45. 南美隔马勃 *Vascellum pampeanum* (Speg.) Homrich (HMAS 34617)
46. 草原隔马勃 *Vascellum pretense* (Pers.) Kreisel (HMAS 66115)
47. 栓皮马勃 *Mycenastrum corium* (Guers.) Desv. 担孢子（BJTC 060722182）
48. 栓皮马勃 *Mycenastrum corium* (Guers.) Desv. 孢丝（BJTC 060722182）

(Q-4368.01)

ISBN 978-7-03-060733-1

定价：198.00 元